U0018237

# 解決居家の100個煩惱

從設計到設備，從收納到去污，達人總動員，幫你搞定居家心頭痛。

原點編輯部 _ 著

chapter 1:
# 使用機能的煩惱

chapter 3:
# 家族成員的煩惱

chapter 4:
# 滿足品味嗜好的煩惱

chapter 6:
# 生活創意的煩惱

chapter 1:

# 使用機能的煩惱

Q001-025

# 鞋櫃老是臭臭的？而且鞋子容易長霉！

解決方案 **格柵門片・除溼棒・備長碳**

文───魏賓千　圖片提供───尤噠唯建築師事務所、同心綠能室內設計

鞋櫃發出異味惡臭，導致鞋子發熱，造成櫃子內的空氣能與外面的空氣對流循環，所以安裝時要放在櫃子的底部。這種櫃內除溼的方式，也可以運用在衣櫃內。由於除濕棒摸起來就是整根溫溫熱熱的，熱度滿像暖暖包的感覺不燙手，除了安全，耗電量也很低，即便24小時運作，每月從電費上感覺不太出來。

若是嫌通電麻煩，也可以運用時下流行的備長碳，放置在鞋櫃底部。

當然，鞋櫃門片及層板仍需有通風孔較佳。如果鞋櫃的通風效果及除濕已獲得改善，但鞋子仍不時散出異味，那麼可能要思考的是會不會鞋子本身已有臭味，從去除鞋子異味、改善個人衛生習慣等方面著手，以免治標而不治本。

於櫃子的通風效果不好，櫃裡的鞋子長時間悶在一個密閉式空間裡，若再加上遇到雨天時，鞋子滲濕又擺進櫃子裡，櫃子內部有如一個潮濕盒子，異味、發霉等問題將陸續來報到。

提高鞋櫃的通風度是最佳的解決之道，建議可採用木格柵設計，引導鞋櫃與外部空間空氣的對流，降低櫃子內部的濕度，有效改善鞋櫃的異味程度。

其次，就是解決除濕問題，一般人或許會運用乾燥劑，但往往效果有限，建議不妨在鞋櫃內放置鋼琴用的除溼棒，運用定時設定的方式，讓鞋櫃保持乾爽，也可減低異味的散發。

除溼棒原理是利用電能讓棒子發

方案 1 **格柵門片保通風**

鞋櫃門片採木格柵，提高櫃子內外的空氣對流，是解決鞋櫃發出異味的基本方法。除了格柵設計，百葉門片也是不錯的選擇，具有同樣的空氣流通效果。圖__尤噠唯建築師事務所

 方案 2 **除溼棒乾燥，衣櫃鞋櫃都好用**

建議最好在規劃鞋櫃時，與設計師討論，預留除溼棒的電源開口。另外，如果鞋櫃內還有層板的話，要把每層層板往外拉出一點，讓櫃子背部留個縫，對流效果會較佳。

若是鞋櫃的層板已做死了，都靠緊背板的話，則可以在每片層板上鑽孔，最好連鞋櫃底部也鑽孔，這樣除溼棒的電線才能從底部外接電源，讓溼空氣不易進入，乾空氣保留在櫃內，達到除溼的最佳效果。圖__ AmyLee

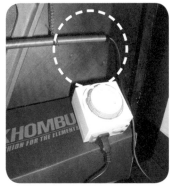

方案 3 **備長碳，平價簡易去濕臭**

在鞋櫃內放置備長碳是時下最環保的除溼除臭方法。一般來說，以市面每公斤約 100 元的備長碳而言，大約每二雙鞋子用大約 0.5 公斤即可。使用時用布包或籃裝放在鞋櫃底部或角落，建議備長碳每使用約 4 ～ 6 週最好曬一次太陽，每次曬約 2 ～ 3 小時，可長保備長碳的使用壽命。圖__同心綠能室內設計

1 雙鞋 +1 雙鞋 =0.5 公斤備長碳

---

**plus+ 升級版** **硅藻土塗料刷櫃子內壁**

珪藻土原屬於海底藻類的遺骸，因為它表面有更多的孔可吸附並分解空氣中的醛類等有害物質，且具有自然調節室內適當溼度，一般運用在室內牆面上，也可塗抹在櫃子內部，每坪含工帶料 2,000 ～ 4,000元。

# 不想花太多時間找手機及鑰匙，耽誤出門時間？

解決方案 **進門層架＋淺盆‧玄關置物平台‧鞋櫃小抽屜**

文──魏賓千　圖片提供──尤噠唯建築師事務所、杰瑪設計

出門前找不到家裡鑰匙及手機，是很多人共有的生活經驗。那種急著出門、趕時間的心慌，教人印象深刻，卻常是一犯再犯。手機還好，只要利用家裡電話，就可以找到它的最後位置，但若是手機設定為靜音時，會恨不得把家翻過來把它找出來。鑰匙更是麻煩，該怎麼辦呢？建議不妨在門口設置一處給鑰匙及手機一個專用空間。

設計鑰匙及手機的收納地點，要考量的是收納的位置、收納的型式。

進出家門的玄關，是最佳的設置地點，一進門就隨手放下鑰匙及手機，要出門就隨手拿起鑰匙及手機，收進隨身包包裡。同時，由於手機有充電問題，因此建議可在玄關櫃的置物平台處設計一插頭迴路，方便手機隨放隨充。

至於鑰匙，可考慮採「懸掛」或「平放」兩種方式，如在大門背後或是一進門的牆面上規劃鑰匙集中收納的層架或掛勾區域，坊間有不少充滿設計感的五金掛勾可選擇，可以參考，而掛勾的位置以在眼睛至胸腔之間較佳。至於，層架的高度約90～100公分較佳。

另外，可在規劃玄關櫃、鞋櫃時，納入小抽屜、置物平台等設計，供鑰匙暫存收納使用，出門就不會因找鑰匙而忙得團團轉，同時也可以將太陽眼鏡、零錢、發票等隨身物品放置在此，也不容忘記。而無論是鞋櫃或是玄關櫃，其置物平台大約在90～100公分左右，最適人體工學的高度，也比較順手，搭配漂亮的瓷盤或是設計精美的淺盒子，讓人放得安心，看得也舒服順心。

進門層架＋淺盆，
放置隨身物品

在一進門處，設計一個高度約 90～100 公分及腰的層架平台，然後放置漂亮淺盤、盒子甚至是置物小抽屜，可擺放鑰匙等小物。圖＿杰瑪設計

方案 2 玄關櫃中段挖空，
創造置物平台

在鞋櫃或玄關櫃的中間約 90～100 公分處設計一置物平台，擺上專收小物的盒子、碟子，或置物小抽屜，可隨手放置鑰匙、零錢及一些隨身物品，久而久之成習慣，就不怕找不到了。圖＿尤噠唯建築師事務所

方案 3 鞋櫃小抽屜，借位收納

另外，若不喜歡一進門就設計層板或格子設計，則可以利用鞋櫃的小抽屜，做為放置鑰匙的收納處。
圖＿尤噠唯建築師事務所

plus+
升級版
**玄關櫃整合穿鞋椅、儀容鏡，
出門更從容**

除了忘東忘西外，希望自己能以最得體的打扮出門，在玄關櫃結合鏡門、衣帽間鏡牆等方式呈現的儀容鏡，及穿鞋椅，讓人可以最舒服的姿勢做出門前的最後確認，讓你脫離忘東忘西的壞毛病外，體面的外表會讓你更有自信。

圖＿尤噠唯建築師事務所

# 雨具及安全帽怎麼收？

解決方案 **可調式層板＋8cm 門片空隙．傘桶＋掛衣架**

文———李寶怡　圖片提供———尤噠唯建築師事務所、養樂多木艮

若是居住在鄉下或透天厝，門口就有個大庭院，雨具及安全帽板可以調整。安全帽則可放在及頭部處的高度，方便拿取。

居住在都市的人們，除非財力雄厚，居住在捷運線上或附有停車位的社區大樓。不然，仍以機車族為大多數。

光每天要使用的安全帽，放在車上怕髒又不安全，但放在家裡又醜又佔空間。夏天還好，但萬一遇到下雨天，光雨衣、雨傘、雨鞋加進來，還真不知要放在哪裡？抑或是披掛在安全梯的扶手內，等著管委會前來取締呢？

其實，有這樣困擾的人不妨可以在規劃一入門的玄關鞋櫃時一併考量進去。一般玄關鞋櫃，分為三種：180～220公分的系統高櫃、二層櫃、以及一般100公分高的鞋櫃。採對開式，內部分東西兩半，並每隔15公分做活動層板，放置鞋子，若有較高的特殊

鞋，如靴子、高根鞋或恨天高等，層板可以調整。安全帽則可放在及頭部處的高度，方便拿取。

就一般系統高櫃的部分，建議層板及門片之間留空隙，一方面方便櫃內後面設置掛勾，另一方面也可以利用門片對流問題，高度從底下往上算約120～130公分左右，以掛雨傘及雨衣，記得門片最好有通風孔。

若是二層櫃或及腰鞋櫃的部分，則可以利用臨玄關櫃的牆面設置掛勾，可掛置雨傘及雨衣，或是購買傘桶，但要注意此時玄關地板最好是可吸水排水的石材或磁磚，並記得做點洩水坡，以免雨水流進室內。切記玄關千萬不可是木地板，以免破壞地材。櫃子底下建議留20公分高以放拖鞋，穿脫方便，也不易亂放。

方案 1 可調式層板 +8cm 門片空隙，安全帽雨具順手收

　　入口的玄關櫃可以將不同收納需求統整，除了鞋櫃使用之外，內部也可以直接設計橫桿擺放雨傘，或是利用層板及門之間的 5～8 公分的空隙，運用掛勾解決雨傘及雨衣披掛問題。至於家人的安全帽，收納高度要抓 30～35 公分，設置高度在頭部的位子即可。圖＿尤噠唯建築師事務所

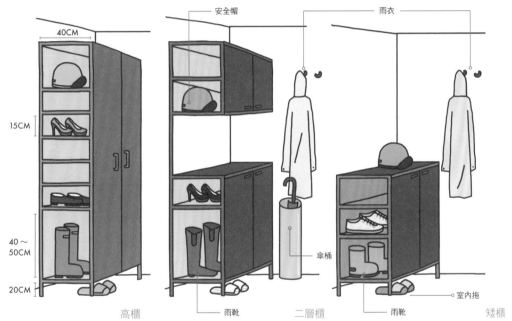

高櫃

二層櫃

矮櫃

40CM

15CM

40～50CM

20CM

安全帽

雨衣

雨靴

傘桶

雨靴

室內拖

雨靴

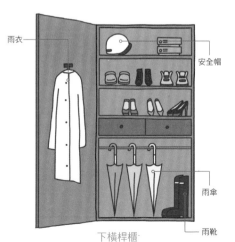

雨衣

安全帽

雨傘

雨靴

下橫桿櫃:

方案 2 陽台牆面，傘桶＋掛衣架風乾兼收納

　　若是全罩式的安全帽建議還是收在櫃內比較適合，若是半罩式的可以跟雨衣一樣掛在與玄關相臨的牆面掛勾上，但切記地板不能使用木地板或是石英磚，建議採用吸水力強的復古磚、不怕水的南方松等材料才適合。圖＿養樂多木良

# 怎麼讓椅背淨空，別再讓外套掛得滿滿的？

解決方案 **衣鞋分隔法・掛勾與層板・衣帽架 X 衣帽櫃**

文——李寶怡、摩比　圖片提供——尤噠唯建築師事務所、杰瑪設計、養樂多木艮、德力設計

相信這個問題老是困擾著不少家庭吧？

每當把椅背的衣物收拾完後，過不了一天，椅背上又會「長」出不少外套。若不管它，沒兩天就把椅子給淹沒了！尤其是公共空間的單人沙發椅背及餐廳的餐桌椅背，令人傷透腦筋，而且除了外套，有時還會出現包包、塑膠袋、毛巾等等，讓椅背不堪負荷，到底有什麼方法解決呢？

或許你可以Kuso地說：那就選用沒有椅背的椅子，但這也只能治標不能治本，外套侵佔事件，仍會在家裡的某個角落發生，如沙發。因此，最好的解決方法就是合理思考外套吊掛的適當位置及動線。

一般人在思考收納時，衣物類都放置在個人的私密空間裡，如更衣室、主臥或小孩房的衣櫃等，但是面對每天外出要穿的外套，不妨貼心衣

物要每天更換或清洗，因此一般人並不會一回家就走進自己的房間才脫掉，反而是一進到玄關就自然而然地脫掉，若此時沒有可以收納外套的地方，很容易就會隨手掛在椅背上，待出門時再拾起穿上。

因此建議最好就在玄關處規劃一個專掛外套及外出包包的區域。在傳統會運用掛衣架或大門門後，但因外露關係，需要特別注意整理，若有足夠的預算，還是建議規劃在玄關入口的櫃子，運用百葉或通風門片遮掩。

當然，若是玄關空間足夠，完整的衣帽兼儲藏間可以讓收納效能更強大，但空間需求至少1坪以上面積，寬度至少需有140公分。若雙面都要放置衣物則需200公分的寬度，才能擁有足夠的活動空間，且衣物一進門就有地方放，當然也不易掛滿椅背了。

## 方案 1　衣鞋分隔法，鞋櫃內規劃掛外套的空間

　　想在鞋櫃旁增加衣物吊掛空間，要注意與鞋櫃分隔門片或上下隔離，以防鞋子的臭味染到衣服上。一般來說，衣物的肩寬約 60 公分同時為了視覺平整性，會將鞋櫃深度從 40 公分拉至 60 公分深，如此一來，衣物掛得比較多。萬一受限於空間深度，只能做 40 公分的話，則可將衣物收納改為正面吊掛方式，但在拿取上不方便，可掛量也較少。至於長度，因考量大衣的收納，建議必須有 120 公分較適當。圖＿尤噠唯建築師事務所

## 方案 2　掛勾與層板，門後空間好運用

　　若空間真的不夠放置衣物，其實還有一招就是善用大門門後的牆面及掛勾五金，這在歐美的居家雜誌內常見，除了外套、包包，甚至鑰匙、雨具都可以收納在此。但要注意的是，由於此為外露式的臨時掛衣處，因此不定期要整理，以免雜亂。圖＿養樂多木艮

## 方案 3　入口處衣帽架，善用小空間合併法

　　若是鞋櫃空間不足，也可以在一進門的零星空間規劃一掛衣服的地方，方便自家人進入習慣，同時也方便客人來訪時的外套掛置。但由於是已穿過的衣物，因此建議掛衣處最好能保持通風良好，而非密閉空間，讓衣物不易產生臭味。

圖＿杰瑪設計

## 方案 4　衣帽櫃，亦可設在客、餐廳動線上

　　若是玄關空間不大，也可以改至公共空間裡與玄關串連的動線上，像是客餐廳的轉角處等，同時衣帽櫃的整體高度最好控制在 160 ～ 170 公分最適合擺放來訪賓客的大衣，不建議做到頂天地立比較不易產生壓迫感。

圖＿德力設計

雜物收納區

外套臨時收納區

包包收納區

雜物抽屜

室內拖鞋區

# 我家不想有延長線來「絆腳」！

解決方案

## 對角線原則，在每個空間裡規劃合理的插座出口

文──李寶怡　圖片提供──尤噠唯建築師事務所、杰瑪設計

插座不夠用，一直以來困擾著無數的家庭。太多的延長線不但影響居家安全外，有時還嚴重影響動線及美觀性。到底在家裡要配置多少插座孔，才能完全根絕延長線的需求呢？

設計師表示真的要做到延長線變不見，必須思考屋主在家中的使用習慣，除了固定家電需求外，還有因應季節或生理需求的活動性家電用品也要考量進去，如用不用電風扇、吸塵器等等。如此估算出來的插座孔數最符合這個家庭的生活需求，延長線便無用武之地而被消滅了。

另外，還需思考一些擴充性的插座孔，如電視櫃未來是否還會增加配備，如新增遊樂器、音響視聽設備或電腦3C配備等等，都是要思考的問題。當然，若不知道怎麼粗估家裡到底要用多少個插座才夠用，設計師除了陳列一個簡單的基本插座規劃數外，也教大家一個簡單的撇步，就是將每個空間視為密閉房間，用「對角線配置法」在前後左右都配置一組，也就是說一個正常的空間裡，如客廳，最起碼要有8個插孔（1組插座通常有2個插孔）。然後再針對一些特殊用電需求的地方再增設插座，例如壁吊式電視、電器櫃、書桌等等。

在插座高度上，地板起算20公分內是最不容易被絆到腳。至於櫃面上的插孔高度，抓櫃上5~10公分計算較方便且美觀。而建議插座採立面設計最好，若一定要設置成平躺式，最好加蓋，以免容易藏污納垢。

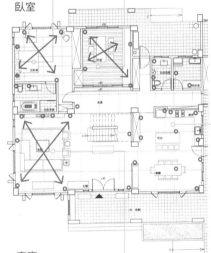

| 方案 1 | 插座的對角線原則 |
| --- | --- |

單一空間（如客廳、臥室）的插座安排，可採用對角線配置法，在四個角都安排一組，若有其他需求（如書桌台面）則再增設。
（註1.平面圖上的紅圈皆為一組插座。）

一般居家基本插座出口設置及數量

| 空間 | 地點 | 插座數（1組2個插孔） |
| --- | --- | --- |
| 玄關 | 玄關平台 | 1組 |
| | 鞋櫃內部（若設置除溼棒） | 1組 |
| 客廳 | 壁掛式電視 | 1組 |
| | 電視櫃 | 2～3組 |
| | 沙發背牆左右兩側 | 各1組 |
| 餐廳 | 餐廚櫃 | 1組～2組 |
| | 餐廳主牆 | 1組 |
| | 中島設置爐具下方側面 | 1組 |
| | 餐桌下方 | 1組，若同時為工作事務桌則2組 |
| | 吧台或出菜台側面 | 1組 |
| 廚房 | 電器櫃 | 3組，且需設置專門迴路 |
| | 冰箱 | 1組 |
| | 流理台檯面 | 2組，設置時最好遠離爐具及水槽 |
| | 排油煙機 | 1組 |
| 臥室 | 床頭兩側 | 各1組 |
| | 衣櫃下方及對角 | 各1組 |
| | 化妝台 | 1組 |
| 兒童房 | 書桌上方檯面 | 1組 |
| | 床頭的地面及壁面 | 各1組 |
| 書房 | 書桌檯面 | 1組，若配置其他3C產品，或工作室，增設1～2組 |
| | 書桌下方 | 2組 |
| | 書櫃 | 1組 |
| 衛浴 | 洗手檯面 | 1組 |
| | 馬桶旁（免治專用） | 1組 |
| 後陽台 | 熱水器 | 1組 |
| | 洗衣機 | 1組 |

書房和室

臥室

廚房

客廳

## 插座搭配延長線
## 切忌同時 8 ～ 10 個在使用

一般空間規劃時，每5組插座（10個插孔）就必須設置一個迴路系統，以免電力超載，因此延長線是否使用安全也可依此推算，若一組插座組合延長線超過10個插孔同時啟用，就是超過電荷，要將部分電力再移至別處，以免發生危險。

# 一定要走到哪關到哪嗎？別老叫我回頭去關燈？

解決方案

## 雙切開關設計‧夜燈面板‧統一面板高度

文──李寶怡　圖片提供──杰瑪設計、尤噠唯建築師事務所

試想回到家裡，若是還要穿過長長的玄關，才能開啟客廳的燈光。但唯有衛浴空間因怕水氣影響，建議設置在門的外側。

在空間裡，人走來走去，燈也會開來開去，因此建議可以在動線上設計雙切，才不用每次開燈要繞家裡好幾圈，不方便。另外，設計師建議最好採購有附夜燈設計的開關門板，除了在黑夜中可以快速找到開關外，同時也可以隨時掌控房間裡的燈有沒有關，做好管理。在一些較大或多功能的空間設計裡，建議做多段燈光設計，就是利用開關按壓次數來決定亮幾個燈泡，或是亮哪裡，才能展現出空間的層次及情緒，也省電。

門的入口處，方便在入門時就先點亮燈，聽起來是不是很不可思議呢？若是在農曆七月份時，還會覺得毛毛的。而且每次一開一關，還會聽到「哎喲！哎喲！」的鬼叫聲，是不是覺得很不方便呢？萬一有老人家，那就更危險了。

所以，開關面板的設置其實並不簡單。要思考的是使用動線及習慣來設計，才會符合人性需求。像是一般人回到家的動線是玄關→客廳→臥室，因此客廳的開關應在玄關，而非客廳。

一般開關面板的位置都設計在進

## 方案 1　客廳、寢室雙切開關設計，方便安全

客廳、臥室及上下樓梯等的空間，會有動線的起點及終點，建議最好要做雙切開關設計，像主臥一進門設置一個開關，但等要睡覺時還要跑到門口關燈，實在不方便，不妨可以在床頭處也設計一個同一迴路的開關。客廳也一樣，除了在玄關設置開關外，在進入私密空間的廊道上再設計同一迴路開關，也省得還要跑大老遠關燈。圖＿尤噠唯建築師事務所

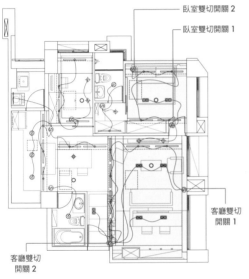

臥室雙切開關 2
臥室雙切開關 1
客廳雙切開關 1
客廳雙切開關 2

## 方案 2　夜燈設計開關面板，夜視且省電

開關面板會依空間裡燈光設計的迴路而有一開、二開……，最多六開的面板設計。但建議面板還是不要切得太碎，以免在切換上不方便。選擇有夜燈設計的開關面板，不但可以在黑夜中，一眼就看見外，同時也可以知道家裡哪個房間沒有關燈。設置在廁所門口時，也可以檢視裡面是否有人使用。圖＿杰瑪設計

## 方案 3　統一開關面板高度，好找又美觀

另外，開關面板的高度也應統一，免得還要到處找，為了美觀起見，設計師建議從地面算起，大約 120 公分高的地方最適當，而且萬一雙手同時拿東西沒空開關時，用手肘也方便。圖＿尤噠唯建築師事務所

# 有沒有讓我家衣櫃不塞爆的辦法？

解決方案  **L 型牆櫃・開放式層板・薄型抽屜**

文———魏賓千、摩比　圖片提供———尤噠唯建築師事務所、德力設計、大湖森林設計、杰瑪設計

**衣**物多到塞滿衣櫃，怎麼藏、怎麼收都像是快爆出來，櫃子門都快關不起來，房間看起來真的是很凌亂。

其實很多人喜歡更衣室的設計，誤認為這麼就可以收納更多衣物，但事實上以相同面積的櫥櫃收納來計算，因為更衣室還必須留下走道，有時候收納量是不如依牆規劃的衣櫃來得多。

其次就是櫥櫃內容如何規劃的問題，除了吊掛衣物區外，層板可收納的容量會比拉籃來得多，主要是因為不必再扣除裝設滑軌約 5 公分的面積。

設計師根據過往建議以吊衣桿規劃深度 55 公分的衣櫃最好使用，也最方便分類與尋找衣物。如需規劃抽屜，深度需 60～65 公分較好找。如走道介於 50～60 公分間，衣櫃門片設計可採滑門設計，如介於 65～70 公分間

則可用開門方式設計。至於門片的設計可控制在 45～50 公分之間，因為如此的比例最美。根據設計師的個人習慣，他建議以拉門形式所設計的衣櫃或收納櫃，使用上最具彈性，可依照使用者個人習慣自行變化。

想要大一點的衣櫃，可以利用一整排深度 60 公分的衣櫃進行更多空間變化，賦予空間更豐富的機能。另外，將抽屜薄型化或格子化，放置如領帶或襪子、手錶等。或者利用壁面或門片設置領帶掛，都是增加收納的好方法。

其實最簡單的方法，就是將衣櫥改成開放式櫃子，也就是說櫃子是沒有「門片」，然後挑選一塊自己喜歡的布簾來當作衣櫃門，遮擋擁擠紊亂的衣櫥景觀，使用時又不影響拿取衣物的便利性，而房間裡多了一面落地簾，看起來就像後頭有一扇大窗。

###  方案 1　牆櫃設計，L型衣櫃收衣物也能收家具

設計師將主臥兩面牆都設計成衣櫃，其中利用一堵寬120公分衣櫃，以75公分為界線分為上下兩層，75公分恰恰是人們開門手持門把的位置，因此使用者可以輕易打開上層衣櫃，省去非必要的五金。而下面的75公分，除了引隱藏式ㄇ型桌，設計師特別外加10～14公分的抽屜高度，剩下的50～65公分則恰恰是端坐書桌前將腳放入的空間。圖_德力設計

### 方案 2　開放式層板收納，較拉籃五金收更多

無論是衣櫃或更衣室，開放式層板的收納量較多，拉籃五金雖好用，但因必須扣掉五金滑軌空間，加上拉籃上方空間閒置，實際容量有限，建議依需求規劃2～3個就好，或使用抽屜取代，至於大型衣櫃可分三層處理：上櫃架放置體積大的物品，下櫃則分別掛衣服與褲子。圖_尤噠唯建築師事務所

**plus+ 升級版**

## 小坪數，垂降式衣櫃爭取空間

在小坪數空間裡，不妨可以考慮增加垂直空間的使用，利用下拉衣桿設計，讓衣物容易儲放掛吊以及取用。另門後面設置儀容鏡，方便整面，並利用折疊燙衣板設計，讓衣櫃機能更充實。圖_杰瑪設計

### 方案 3　薄抽屜，格子設計增加小物收納量

在衣櫃裡設計一些大約10～12公分的薄抽屜，放置一些隨身配件，如領帶、皮帶，或是襪子等物品，甚至有人會用此收納內衣褲，因為簡潔明瞭，方便收納。若是超過格子，就表示買太多，要淘汰舊的換新的，也是避免塞爆衣櫃的好設計。

圖_大湖森林設計

# 電器櫃怎麼設計才夠用,不卡卡?

 解決方案 **直立電器櫃 + 備餐台·獨立電器櫃·餐廚櫃 + 電器櫃**

文———李寶怡、摩比　圖片提供———尤噠唯建築師事務所、德力設計、大湖森林設計

家裡最複雜的櫃體,莫過於電器櫃,在居家常用的電器包括:電鍋、小烤箱、果汁機、麵包機、鬆餅機、嵌入式烤箱、水波爐、微波爐、咖啡機及冷熱飲水機等。要把這些林林總總放入電器櫃內,到底要怎麼做,在使用上才不會卡卡的呢?

在家中使用的電器櫃分平台式、垂直式及結合兩者等三種形式,受限於空間及動線規劃,它可以跟流理廚櫃、中島結合,或是單獨呈現,但不管是什麼樣的形式,在規劃電器櫃之前,所有的電器尺寸大小要先確定,才能將電器櫃的尺寸設計到最佳狀態。除了嵌入式家電尺寸必須密合外,其他小家電的尺寸最好仍要上下左右留約1~2公分的寬度,以免家電進駐時,因太過密合無法塞進櫃內,或門片無法開啟。

電器櫃另一個重點關鍵就是電源

配線,必須先行確認入住電器設備是屬於110伏特還是220伏特的電壓,才能決定採用獨立迴路,如專用嵌入式烤箱,或專用迴路的如微波爐、水波爐,進行通盤規劃,避免使用到一半突然跳電,或是無法同時使用。同時以規劃4~5格的直立式電器櫃來說,內部應配有6~8個插座,才不會搬來搬去。而且一般家電用品深度約50~60公分,因此電器櫃的深度必須預留有50公分以上,而電器放置的最上緣,也要注意盡量低於150公分,同時家電放置也不要低於50公分左右,以防蟑蟻入侵,同時要規劃散熱孔。

另外,蒸汽的設備如蒸飯鍋、電鍋等等,最好設計活動式抽拉層板,避免造成櫃子損壞,而凌亂的電器用品,可運用隱藏式門片收納,降低視覺的凌亂感。

 方案 1

## 直立電器櫃＋備餐平台

位於餐廳旁的備餐台同時也是電器櫃，規畫上分上中下三個區域，上層採上掀門片處理，讓收納空間更彈性，下為對開門片，中為備餐檯，提供機動性應用的過度空間。為了不讓電器櫃內的雜物或家電影響居家氛圍，特以縷空圖騰強化玻璃局部噴砂處理的拉門，搭配輔助光源營造穿透感。圖＿德力設計

方案 2

## 餐廚櫃＋電器櫃，並善用餐桌下方空間

除了將電器櫃與餐廚櫃整合在一起外，另外也可以善用餐桌下方的空間規劃小型的電器櫃，放置如小烤箱、果汁機、麵包機等方便移動的小家電來使用。

圖＿大湖森林設計

方案 3

## 獨立電器櫃，收納量超大

大型的電器櫃可分割出多元的機能，滑動式拉門打開後，裡頭還有上掀式的儲物櫃，以及抽屜、可拉式層板等，讓電器的使用與收放更增便利，平時也讓各造型的物件，可以完全隱形。

圖＿尤噠唯建築師事務所

打開前

 plus+ 升級版

## 配合蒸汽式家電設備
## 櫃緣上方貼卡典西德保護

若受限於動線無法做活動式抽拉層板，建議最好在放置蒸汽設備的櫃子上緣，運用卡典西德或厚的塑膠貼布做防護，以免水氣侵入木櫃造成腐蝕而減短電器櫃的使用壽命！

圖＿大湖森林設計

上掀儲物櫃
微波爐
蒸飯鍋
電鍋

小烤箱、
果汁機、
麵包機、
鬆餅機、
摩卡咖啡壺

下抽屜　　　　打開後

# 聰明家電那麼多，我家網路孔不夠用，怎麼辦？

解決方案 無線基地台・網路橋接器

文——李佳芳　圖片提供——尤噠唯建築師事務所、李佳芳

雖然家裡電腦、iPad、各式智慧型手機……等可以靠無線AP基地台搞定連線上網的問題，但家裡就是有些「死角」地方收不到網路，像廚房、廁所或是位在後陽台的房間，甚至頂樓加蓋或透天厝，也很容易發生樓上樓下的無線收不到的問題。

另外現在的影音家電，如BD藍光播放機、多媒體影片播放器、數位電視等等仍是維持「有線網路」，根本不甩無線。所以萬一有一天，你想把電視左右大對調，或是想在臥房再加一台電視等設備看MOD或上網，會發現原本配置的網路孔，不是太遠，就是根本不夠用，怎麼辦呢？

傳統方法，就是沿著房間的牆角為網路「走線」，結果把家弄得烏煙瘴氣不說，網路線更像蜘蛛網把家變得醜醜的。又或者花大錢請水電工來敲牆埋線，好像工程又太大了。

其實這時，只要花小錢，運用

「電力線網路橋接器（Power Line Communication）」來解決。電力線網路橋接器的原理是利用現有的電力線路來傳輸資料，這意味著可以把「電線變成網路線」，不需要額外佈線，就能利用插座立即建立這個房間的基礎網路系統。

甚至，也可以透過電力線網路橋，解決死角及樓上樓下收訊不到的問題。

電力線網路橋接器依照品牌或功率價格不同（單只約800～900元），通常會買一對或以上，購買何種規格須看使用距離，普通規格都有200～300公尺，一般家庭都夠用了。使用電力線網路橋接器的好處是，還具有靈活移動性，因此每一兩年就須遷徙的租屋家庭，或喜歡搬動家具改變心情的居住者，可以試著開始使用這樣的方便設備了！

## 方案 1　平面樓層，用無線基地台解決網路佈線

　　如果在同一層的情況，想在家裡達到網路無線的境界，在電視櫃或是書桌安裝無線基地台是最方便的做法，市售約 800 ～ 3,000 元的機種都有，差別在於可發射接收的範圍。萬一真的有死角收不到，可再加裝電力線網路橋接器來延伸收訊範圍及強度。圖＿尤噠唯建築師事務所

## 方案 2　不同樓層，可用電力線網路橋接器

　　客廳的電視要 180 度對調，或是要在臥室加裝電視等等，這時可以用電力線網路橋接器，橋接器的長相背面是插座，下方有網路孔與配對鈕。電力線網路橋接器的安裝方法很簡單，一組兩枚，只要將一枚接上分享器，另一枚銜接 Set Top Box（或 MOD），按下配對按鈕（Pair）就能建立起迴路，即使上下樓層也能輕鬆建立迴路，還能一對多使用。圖＿李佳芳

❶將 Set Top Box（或 MOD）的網路線接上橋接器。

❷將橋接器插上鄰近插座（不能插在延長線上）。

❹長按配對按鈕約 2 ～ 3 秒，五分鐘內長按另一只，即配對成功。

❸另一枚橋接器則接上最源頭的寬頻分享器（不能接在無線分享器上）。

### plus+ 貼心版　安裝電力線網路橋接器注意事項

① In ／ Out 的插座必須要同一個電線迴路上。

② 若使用一對多，遇停電超過 5 分鐘可能會配對失效，必須重新設定。

③ 缺點是遇到網路高峰時段容易 LAG，但通常是跨年煙火直播這種盛況才會出現。

# 只有一台電視，怎麼讓所有空間都可以看到？

**解決方案** 360 度旋轉電視牆・可滑動電視牆・
180 度壁掛電視架

文───李寶怡　圖片提供───尤噠唯建築師事務所、杰瑪設計

你們家有這樣的困擾嗎？明明有客廳，以便能串連每個空間都能使用電視。

設計師表示，這種設計在施作時，必須事先將所有電源線和網路、電視線一併考量進去，並決定懸吊電視的高度及位置，以方便鐵工先行開孔，且開孔不宜太小，以電源線可以穿過為主。同時在開孔處要有防止長期摩擦電線的封邊材料，以防止電視機在長期旋轉下，不小心磨損電線。

除此之外，還要注意天地的結構是否接合確實，同時也要預設旋轉的幅度與四周動線是否吻合。懸掛電視的部分，則可以利用木板及鐵件結構做底板，讓結構更為穩固，並要注意平衡的問題。施作完成後，要測試鐵件及電視旋轉靈活度。如此一來每到用餐時，就可以轉動電視機的方向，讓全家人坐在餐桌前好好地吃一頓飯了。

你們家有這樣的困擾嗎？明明有餐廳，但每到吃飯時間，全家人捧著飯碗，夾了菜，都窩在客廳的沙發上看電視跟新聞。餐桌只淪為放菜的吧台，一點作用也沒有。

或許有人會說，要不要就在餐廳也裝一台電視，每個人就會回餐桌吃飯了。但說得簡單，在餐廳加裝一台電視不但要花錢，還要想辦法安裝在適合的地方，就 20 多坪的小空間來講，實在擠不出來。這時，會旋轉的電視牆變成了救星。

在早期，設計師會利用活動式電視櫃及轉盤解決客廳及餐廳共享同一台電視問題。但受限於管路及電源線旋轉的問題，因此只能立點旋轉，且旋轉至 300 度便是極限。近年來，更因空間設計的彈性愈來愈靈活，漸漸發展出能 360 度旋轉式的液晶電視牆，甚至還設計出將電視與活動式拉門結了。

方案 1

### 360 度旋轉電視牆, 繞著空間看電視

　　以不鏽鋼管做為電視牆的支柱,並放置在客廳、和室、餐廳三個空間的交接重覆區域裡,不影響動線為主。在安裝內含旋轉軸承零件的立柱時,除了將所有管線置入外,還必須以堅固的水泥地面當做基座,不建議鎖在木地板或磁磚上。另天花板因無法預埋鐵件,建議用鐵板做為圓柱結構鎖上,並加上蓋板隱藏螺絲。圖_尤噠唯建築師事務所

方案 2

### 可滑動電視牆, 一台電視全家跑透透

　　從和室、客廳,經由廚房再到主臥的滑動式電視牆,以鐵件做為外部骨架,再合進壁掛式液晶電視,才能有足夠的支撐力。由於採上軌式滑動,內部線路設於上方的伸縮桿內,再串連至電視,滑動距離約 10 公尺,因此在線路時必須要有足夠的距離才能使用。圖_尤噠唯建築師事務所

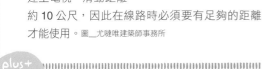

方案 3

### 180 度壁掛架, 客、餐廳及書房同步視訊

　　利用液晶螢幕電視懸臂式壁掛架旋轉電視,可左右擺動 180 度,因此可依據空間特性及距離調整至最佳的位置觀看。只是懸臂五金厚度約 7～8 公分,建議在設計時不妨預留電視牆凹槽約 10 公分並內嵌電視,如此一來,在旋轉或平視液晶電視時,才不會看到固定螺絲,較為美觀。圖_杰瑪設計

plus+ 平價版

### 電視轉盤讓電視機馬上轉

　　也有不用裝潢就可以擁有的旋轉電視牆,可以至網路購買「液晶電視轉盤」,市售約 1000 元上下,馬上你家電視也可以旋轉 300 度。

圖_尤噠唯建築師事務所

# 吸塵器及立體電風扇怎麼藏？

解決方案　樓梯下方儲櫃・玄關儲櫃・走道邊櫃

文————魏賓千、摩比　圖片提供————尤噠唯建築師事務所、杰瑪設計

每次到了換季時，除了衣物收納，即順手又方便。因此，如何在空間裡擠出一間大型家電儲物櫃或儲物間，便成了重點。

外，最麻煩的就是把大型家電，如電風扇、除溼機、電暖爐等家電找地方放。另外，又像吸塵器，幾乎每天都要用，但用完了，還要跑到後陽台放置，實在不方便。其實最簡單的方法，就是選購具有設計感的家電用品，如此一來放在哪裡都好看，也不用收起來。不過，通常這類「經典款」的工業設計家電，恐怕所費不貲，因此，絕大部分的人還是習慣性地找地方收納。

但在有限的居家空間裡，到底怎麼收呢？

一般人最直接的方式就是收在更衣室裡，眼不見為淨。但更衣室已堆滿了衣物，跟家電放在一起就個人衛生而言，並不適合。而且就收納原則，最好仍以使用範圍最近的地方收

儲物櫃的空間可以是玄關的衣帽間、餐櫥櫃邊櫃的下方，或利用樓梯下方的零星空間等等，甚至是進出私密臥室的走廊櫥櫃。在收納時，要注意家電的尺寸，以免形成塞不進櫥櫃的困擾。以電風扇來說，分為立扇、箱扇、桌扇這幾種較常用，因此櫥櫃建議最起碼要有45公分的寬度及深度。至於長度則視情況而定，其中有些立扇可以折解成二件式，方便收納。另外除溼機及電暖爐，建議挑選有輪子機種，未來收納才方便。

至於吸塵器，最適合的地方是廚房，若是廚房不好放，則利用餐邊櫃也是一個不錯的收納地點。

### 方案 1 樓梯下方，畸零空間設計儲藏間

利用樓梯下方的畸零空間，做為置放大型家電與其他雜物的儲藏室，透過大片木拉門的設計，不只取物更為方便，也增添了視覺美感。圖＿杰瑪設計

### 方案 2 利用玄關衣帽間，收納大型家電

結合玄關與展示櫃規劃專屬的衣帽間，或是儲藏室，將進出門隨身攜帶的物品卸下，如外出用大衣、傘具、球具，甚至是尺寸較大的沖浪板、潛水裝備，可能都整齊地收進衣帽間裡，取放時一清二楚。圖＿尤噠唯建築師事務所

### 方案 3 私密空間的走道邊櫃收納

因一進門即見通往私密空間的走道設計，因此設計師改為格子拉門，避免視覺尷尬外，並營造一個次玄關設計。再依靠在牆面做滿收納之用的櫥櫃，讓家電及其他物品有更舒適、便利的取用動線。圖＿杰瑪設計

**plus+ 貼心版**

## 各種大型家電尺寸一覽

| 家電名稱 | 建議收納尺寸<br>（此為估算參考，仍要以實際量家中電扇為主） |
|---|---|
| 直立式電風扇 | 16 吋／高 1025× 寬 400× 深 445mm |
| 桌扇 | 10 吋／高 251× 寬 426× 深 265mm |
| 箱扇 | 12 吋／高 340× 寬 460 × 深 194mm |
| 除溼機 | 高 570× 寬 384× 深 287mm |
| 鹵素電暖器 | 高 415× 寬 310× 深 215mm |
| 葉片式電暖器 | 高 560× 寬 600× 深 160mm |

# 廚房抹布怎麼掛才方便又好看？

解決方案 橫桿 + 半高玻璃牆 · 廚櫃側面 · 水槽上方

文———李佳芳　圖片提供———寬 空間設計美學、養樂多木良、尤噠唯建築師事務所

**廚** 房抹布老是皺成一團放在桌上，不僅有礙視覺，抹布不容易乾，就容易滋生細菌，越擦越不乾淨。許多廚具公司會在洗手槽下方的廚櫃內設計掛勾，可用來掛抹布，不過這僅只於乾燥的情況，若是濕答答的抹布掛在陰暗不通風的櫃子內，很快地廚櫃就會發出悶悶的臭味，甚至開始長霉。

解決掛抹布的困擾，最快速的方法是去IKEA或特立屋買廚櫃用的掛鉤或是吊桿，可依照使用習慣及行徑動線，選擇在廚房及餐廳都方便的位置，將抹布掛置起來；或者可以在洗水槽上方牆面加裝吊桿與掛勾，好處是抹布滴水可以直接滴在洗碗水槽內，而這兩種都是屬於外露式的解決方法。

如果完全不想看見抹布，建議可將掛鉤或吊桿安裝在廚櫃側面，尤其一開始施工的時候，可預留廚櫃側面與牆面的縫隙，讓抹布掛在中間，就可以避免直接看見。或者，在設計中島桌的時候，在桌子下方留出一格開放的櫃子，加上吊桿或掛勾，將抹布掛在中島桌內，也是一種不錯的方法。

如果是抹布用量大的家庭，還有一個可以從平面設計解決的方法。就是一開始設計的時候，讓洗碗水槽靠近工作陽台，並且在工作陽台門邊設計洗滌槽，用髒的抹布可以先暫時集中在此，然後一次清洗，可以避免用過的抹布無處可放，洗抹布與洗碗的水槽分開，互相不汙染，也較清爽乾淨。

## 方案 1 橫桿 + 半高玻璃牆，抹布晾曬不髒污

利用牆面拉出橫桿，下方做及腰高的玻璃覆牆，可以晾曬不少抹布，同時也不會讓水漬沾染到牆體，若有髒污只需稍微擦拭一下玻璃即可。圖＿寬 空間美學設計

### 方案 2 廚櫃側或中島平台下方，抹布區遮蔽不外露

一般廚具公司會建議將 布掛在水槽下方的櫥櫃門片內，但得做好通氣與防潮規畫，若是真的不想讓抹布外露，設計師建議在放在廚櫃側面或是中島平台下方，就有適當遮蔽。圖＿養樂多木艮

### 方案 3 在水槽上方的牆面設置吊桿，滴水不怕潮

最便利的方法，就是利用水槽上方的牆面，加裝吊桿或掛勾，然後把抹布直接掛在這裡晾乾，如此一來抹布滴水可以直接滴在洗碗槽內。
圖＿尤噠唯建築師事務所

## plus+ 升級版 讓抹布快乾的方法

抹布必須透過晾乾才會變身萬國旗，因此家事達人建議可以將抹布披掛在烤箱上層，透過加熱快速烘乾，另外善用烘碗機也是不錯的方法，但前提必須抹布與碗要分開放。

圖＿ yalanda

# 垃圾筒及廚餘筒要怎麼收藏不會臭？

**解決方案** 有蓋垃圾筒·花台利用·廚餘機·
水槽結合廚餘垃圾筒

文───李寶怡　圖片提供────杰瑪設計、KⅡ廚具、誠峰環保工程

垃

圾筒怎麼放？不是多放在廚房裡嗎？這有什麼好煩惱的。的確，垃圾筒及廚餘筒一般都放在廚房，一方面使用便利，另一方面則是不易弄髒其他環境。但難道，垃圾筒和廚餘筒就只能擁有惹人嫌的處境嗎？

就垃圾筒而言，因為工業設計導向的關係，再加上國外家用品廠商的進駐，如IKEA、無印良品、宜得利等都有提供設計精美的垃圾筒，以及網拍的推波助瀾，使得垃圾筒的樣式愈來愈多樣，垃圾筒不再是廚房的專利，而漸漸走入公共空間裡。

空間裡，垃圾筒可以待的地方包括：書房的書桌下方、客廳與餐房的角落等等，以不會阻擋到動線及視覺美觀為主。另外在衛浴馬桶旁及廚房

裡的垃圾筒必須要加蓋，以免臭味四溢，招惹蟑螂及螞蟻入侵。

至於廚餘筒，以環保局所提供的以塑膠為主，並有附蓋子。一般會放置在後陽台近廚房處，或廚房水槽下櫃裡。近來，有廠商研發將廚餘筒設計在水槽內，不鏽鋼材質，讓使用者清理方便，缺點是容量小，必須每天傾倒才衛生。但如果怕廚餘的臭味，那麼不妨可以加裝一台廚餘機。

目前台灣市面上的廚餘機大致分為二種，一種是將廚餘放入如果汁機一樣的廚餘機內，高速打碎後烘乾形成乾粉狀。第二種則是以培養材中的優勢菌種做生化分解，號稱永久免耗才，省電故障率也低。保養上，不容易分解的像是蚌殼、竹筷、硬骨頭是不能丟廚餘機的。

### 方案 1 設計感的有蓋垃圾筒，空間添品味

垃圾筒不一定要隱藏起來，因此建議挑選較具設計感的產品，放在空間裡搭配，成為空間的一份子，即方便又具美感，如這款有蓋的拉圾筒，放在廚房與走道交接處，像是設計名椅又兼具機能。圖＿杰瑪設計

### 方案 2 花台也是一座可移動的垃圾筒設計

誰說垃圾筒一定要長得像垃圾筒，結合花台設計的垃圾筒，要使用時，只要將花台的蓋子推移就可以了。黑色筒身的設計，讓人覺得不像是垃圾筒，反而是空間裡的一個景觀展示台。圖＿KⅡ廚具

### 方案 3 善用廚餘機，不怕臭味四溢兼環保

目前市面上的廚餘機大致有二種形式，一種將廚餘打碎並高溫消菌後，呈粉狀再丟棄，價格約 4～5 萬元以上。另一種則是運用自然發酵原理，將廚餘放入機器後，覆蓋專屬的培養土及酵母菌、水，然後運用機器 24 小時的攪拌處理時間，就可以完成分解，取出後經過一個月的熟成就可以搭配土壤成為有機肥料再利用，價格約 2 萬元上下。圖＿誠峰環保工程

### plus+ 升級版 直接水槽結合廚餘及垃圾筒方便又乾淨

這種檯面嵌入垃圾筒收在水槽邊，下方有濾網，方便垃圾滴水，保持乾燥，不易發臭，並有蓋子可以防止蚊蟲入侵，方便做料理時將廚餘或垃圾隨手放置，容量小但不鏽鋼材質方便清理。

廚餘機

圖＿KⅡ廚具

# 讓廚房檯面永保乾淨的方法？

解決方案 高櫃設計・抽油煙機上方・功能水槽・
吊桿＋S掛勾

文——魏賓千、李寶怡 圖片提供——KⅡ廚具、養樂多木艮

廚房因前置工作多，是最花時間、桌面需求最大的地方，但往往廚房的流理台卻80公分不到，放上廚房用品，再加上一塊砧板就滿了，其它的菜餚盤子根本無法放置，終歸一句，就是工作檯面不夠用。若想要將令人嚮往的中島工作台規畫進來，又會佔用到重要的客廳、餐廳空間，結果，廚房又回到被擠壓的小小空間裡。

即便是開放式廚房設計，面對一覽無遺的瓶瓶盤盤，總也不免呈現零亂狀況，一不小心又是雜物滿檯面，因此如何打造一個視覺清爽且動線方便的好用廚房是家庭中最需要的。

像是炒菜煮湯都是集中在瓦斯爐旁，因此瓦斯爐下方便設計擺放各式各樣的鍋具，水槽正上下方櫃子則可以放置濾水器、常用的大桶廚房清潔劑、洗碗清潔劑和垃圾袋等，門板後方則招吧！

收納刀叉或大型湯匙。至於洗滌的菜瓜布、清潔劑等可利用市售的不鏽鋼網籃放置在水槽旁，就不會影響檯面整齊。

而流理台部分，若是貼壁式的流理台建議可以利用壁面，將常用的調味料及鏟匙、大勺匙等吊掛在此，方便取用。若是獨立流理台，則建議放在第一層抽屜。

流理台下方的抽屜依序是常用的刀叉、筷子及開罐器等小收納區，再下來的抽屜則放置如泡麵、乾貨、或是保存較久的各式罐頭，或是很佔空間的餐巾紙捲。最下面抽屜則擺放不常用的餐具、食物調理機和烘培用器具等。

在心態上秉持每次使用完每次收，廚房流理檯面就會永保清潔了！接下來學習幾個增加廚房收納的好妙

**你可以這樣做**

方案 1 高櫃設計，增加一般廚房 1.7 倍收納量

不同以往上下櫃的廚房規劃，而改為一面做高櫃設計，另一面則為流理吧台，並將抽油煙機、電器櫃及冰箱全部整合在高櫃內部，如此一來可增加廚房 1.7 倍的收納量。圖＿KⅡ廚具

**方案 2** 善用抽油煙機上方空間

運用淺櫃設計將抽油煙機上方做成格櫃放置調味料及佐料油，方便在作菜時直接取用。平時可用 KⅡ 專利的電動捲門闔上，讓櫃體視覺一致美觀。圖＿KⅡ廚具

**方案 3** 功能水槽，將清潔用品收納於此

將水槽做大一點，將刀架、瀝水盤、菜瓜布、洗碗精及小廚餘筒都架設在這裡，使用方便順手。不鏽鋼材質保養清理都容易。圖＿KⅡ廚具

**方案 4** 吊桿＋S掛勾，增加立面收納量

在上下廚櫃設計，壁面不妨利用吊桿及S掛勾就可以收納一些小型的調味料罐，常用的勺匙及鍋鏟等用品。還有廠商研發隱形吊桿，將吊桿鎖在上櫃下方，即美觀又實用。
左圖＿KⅡ廚具、右圖＿養樂多木良

**升級版**

## 石英檯面比人造石更易保養

以往石英檯面因為價格貴而令人卻步，而選擇人造石檯面，但近幾年兩者的價格拉近很多，而且石英檯面更硬度高、不易吃色且容易保養，已漸漸成為主流。
圖＿KⅡ廚具

# 塑膠袋、保特瓶等回收放哪裡好呢？

 解決方案 **後陽台 or 水槽下方‧固定位置標示清楚‧回收筒形式**

文——李寶怡　圖片提供——尤噠唯建築師事務所、AmyLee

講到環保這事情，每個人都有資源包括：塑膠盒、保特瓶、舊報紙、利樂包、乾淨的塑膠袋、鐵罐等，若家裡有空間，當然是每個類別一個垃圾筒就什麼都解決了。但現實是後陽台小小的，擺不下那麼多東西，於是簡單一點就分為可賣錢，如牛奶塑膠瓶、保特瓶等，跟不可賣錢的（指剩下的）二分法，舊紙則另成一區塊。所以家裡只要設置三個分類桶就可以解決了。

心，但每個人都無力。

自從政府施行資源回收後，家裡就開始堆滿了大大小小的塑膠袋、保特瓶罐，再加上往往搞不清楚回收廢紙、塑膠袋、保特瓶的個別時間，又或者想貪便宜自己拿去賣，導致家裡的瓶瓶罐罐及舊報紙愈來愈多，該怎麼辦呢？

其實，最簡單的方式就是定位收納，定時傾倒。

所謂的定位收納，就是要先確認家裡資源回收的地點，就像垃圾筒一樣，要固定位置。一般而言，有人會放置在水槽或懸吊廚具下方，但大部分人會將之擺放在後陽台處，以便將一些瓶瓶罐罐通風乾燥。

分析一下，目前在家中會回收的

至於資源回收桶的形式很多，上網或至大賣場隨便找都有。若家裡空間小，建議可以購買疊層式的回收桶，價錢由500～2,000元都有；若空間足夠也有平面式加蓋式的，價錢較便宜200～1,000元搞定。

**方案 1** 後陽台或水槽下方,
資源回收好地點

　　將資源回收儘量簡化,若只回收 1 ～ 2 種,如保特瓶及廢紙類,就可以放在廚房水槽下方,若量不大,每天都要隨著垃圾定時清理。若是量大一點或種類較多,如保特瓶、鐵罐、利樂包等等,則建議將資源回收的地點放到後陽台比較好收納。
圖＿尤噠唯建築師事務所

**方案 2** 回收桶形式多樣,
選擇適合即可

　　在坊間資源回收桶的形式很多元化,有排列式的、也有上下疊層式的,但選購時要注意是否可以固定垃圾袋,以保資源回收桶的清潔,同時也方便直接丟棄。上下疊層式的,價位在 1,000 ～ 2,000 元上下。另一字排開型資源回收架,長 80× 寬 36× 高 82 公分,佔的空間不會太大但收納容量大,用完可直接將塑膠袋拿下回收。

**方案 3** 固定位置並標示清楚,
方便清理

垃圾桶
廢紙回收
塑膠瓶回收

　　確定資源回收的位置,且將每個回收桶都標註回收的類型及物件,做好分類,如此一來每次清理時就不用再整理一次,直接拿去傾倒就可以了。至於塑膠袋的部分,因為輕且小,可以利用坊間販售的收納抽屜或是 IKEA 有款筒狀回收,價位不到 100 元,即便宜又好用。圖＿ AmyLee、yalanda

# 怎麼收納冰箱東西才不會過期？

解決方案 **分類分區冷凍‧保鮮盒‧瓶罐 vs. 冷藏室門‧蔬果集中**

文——李寶怡　圖片提供——尤噠唯建築師事務所、總管家家事清潔、杰瑪設計

對婆婆媽媽來說，對冰箱總是又愛又恨：愛的是吃不完的東西放入冰箱就可以解決下一餐的問題；恨的是冰箱像是一個大怪獸，東西放進去就找不到，等找到了，又往往過期了，到底冰箱裡面要怎麼「管理」，才不會發生這麼多問題呢？

簡單來說，就是冰箱使用不當的問題所導致。冰箱內裝六、七分滿最佳，存放的食物或容器間保留些空隙，放太滿，擋住出風口，會影響冷藏的效率，易導致食物變質。餘溫的剩菜等放涼後，再放進冰箱，以免影響冰箱的冷度及食物品質。冰箱內的食物若灑出湯汁，應該立刻拿抹布將髒污擦拭乾淨，一個月至少一次將冰箱大清洗，如此能避免積聚污垢、異味。

最重要的是，冰箱內要分層擺放不同食材，冰箱空間才能區隔清楚，

不顯亂！

一般冰箱分為上層冷凍與下層冷藏。若是三門冰箱，順序完全顛倒，上為冷藏，下為冷凍，中間還有一個蔬果室。關於冷凍的部分，由於大部分冰生鮮肉類、海產、如水餃之冷凍食品等，建議在採購回來時，要將所有生鮮類食物，依每天每餐的分量用密封包分好，再放入冰箱，才不容易造成食物浪費或腐壞。並記得在包裝上也要註明購買日期，並放在前面方便拿取。

至於冷藏室的部分，其實跟冷凍室的規劃一樣，容易過期的食物放在前排，把可以久放的食物放在後面，並可運用透明保鮮盒做好蔬菜的分類、小型分格架增加冰箱格層收納等，並儘量把液體的瓶瓶罐罐收納在門上的收納格內。

### 方案 1 冷凍食物,分區擺放好取用

在食材收放的原則裡,冷凍室最底層放肉類、魚類、海鮮等生食,假設不小心滴出水,也可避免污染其他食物,此外,每一層面也可再細分左、中、右三區塊,固定將某一種食材放在某一區。像是右邊放豬肉類,左區放魚類及海鮮,中間區放雞肉類,取用會更有效率。另外辛香料像是蔥花、白蘿蔔泥、薑絲,將每次使用的量,裝進拉鍊袋冷凍保存,依用量分裝冷凍保存。大圖＿杰瑪設計、小圖＿總管家家事清潔

### 方案 2 冷藏室,保鮮盒保持整齊

平日就應該將食物包裝好再儲存,盡量用透明度高的保鮮盒保持冰箱的整齊,放入冰箱前的食物,先用密閉容器或是保鮮膜包裝,可以阻絕食物的異味,防止水分流失,依不同食材的保鮮期,分別放置冷藏室的各個層面,盡量把 1～2 天內要吃掉的剩菜及一週內要烹煮的食材放前面。在冷凍食物的外包裝或保鮮盒外貼上標籤,註記品項及買來放入冷凍的日期,方便於分辨。大圖＿尤噠唯建築師事務所、小圖＿寬空間設計美學

### 方案 3 瓶罐類、調味料,冷藏室門一目瞭然

冰箱門邊上層放小包調味料,可集中收在由牛奶紙盒做的小紙盒內。軟管狀的調味品可直立放在紙盒或塑膠盒裡,方便取拿。較重的罐狀、長瓶狀的調味品如醬料、醬油或飲料等,適合存放在中、下層。

圖＿總管家家事清潔

### 方案 4 蔬果區,集中置放

由於蔬菜水果較怕碰撞,因此集中排列較不會造成損傷,置於透明的冷藏盒中,方便看到食物的變化,不易過期。圖＿總管家家事清潔

# 我想要浴室台面乾淨清爽，別堆太多東西！

解決方案

## 鏡櫃收納・懸吊浴櫃・系列感瓶罐・薄型收納櫃

文——魏賓千　圖片提供——尤噠唯建築師事務所、金時代衛浴、博森設計、AmyLee

不論是空間大或小，浴室台面上最怕堆滿東西，雖然所有物品一目瞭然，相對也增加紊亂感、危險性，遇到玻璃瓶包裝，稍不注意滑落破碎，造成意外傷害，解決洗手台的收納困擾，最重要的是讓收納回歸系統化、秩序化。

如果浴室裡的洗手台也兼具化妝台使用，不妨考慮為瓶瓶罐罐設置一個專用收納櫃，再結合玻璃材，瓶瓶罐罐的收納櫃也能變成一座迷你精品櫃，為浴室空間帶來精緻感。

如果個人保養、化妝等用品數量不多，或是浴室空間小，擴大「鏡」面設計，發展成各種鏡櫃型式，不失為一個好方法！比如說，配合長型洗手治的規格，延長浴鏡尺寸，以適當比例的分割，將鏡面功能居中，左右

両邊搭配墨鏡拉門式門片，內部可置放物件，滿足整妝、收納等用途。此外，浴室裡最令人煩惱的就是黴菌，無論是洗手台面或是地上應避免無隔離地直接擺放物品，例如洗髮精等可用撥水性佳的收納架收納，運用多層三角玻璃層板、吸盤式或掛鉤式等的收納架也靈活運用牆壁的空間，讓浴室感覺更加寬敞。瓶罐換成可重覆使用的相同瓶身，加強整齊感又美觀，可吊掛在蓮蓬頭處的吊掛收納架更有助於收納。

另外，對於買來備用的消耗用品，如洗髮精、保養品、肥皂或衛生紙，甚至女性生理用品等等，建議最好設置一個防水且密閉式浴櫃做收納，以方便未來取用替代。

### 方案 1　鏡面櫃，滿足瓶瓶罐罐收納需求

　　將鏡面結合櫃子的功能發揮到最大效益，大面鏡櫃裡可規劃不同尺寸的收納空間，收納各式衛浴用品。像是洗手槽上的櫃子，可放置個人清潔用品，如隱形眼鏡藥水、化妝品等等；馬桶上方製作深櫃，可放衛生紙、生理用品、或是備用的洗髮精。

圖＿尤噠唯建築師事務所

### 方案 2　系列感的瓶罐，加強整齊美觀

　　洗手台上只放置一兩的物品，如洗手乳、牙刷杯，這些物品最好選用同素材商品，可增加整齊的感覺。圖＿博森設計

### 方案 3　懸吊浴櫃，置放換洗衣物、較重物品

　　洗手台下方可設計懸吊式浴櫃，將個人換洗衣物放在此，方便拿取又不易淋溼，下方還可以置放洗衣籃。除此之外，像是一些重的瓶罐像是漂白水等也可以放在此處。圖＿金時代衛浴

### 方案 4　薄型收納櫃，增加收納空間

　　在馬桶及洗手台中間的縫隙可使用薄型空間收納，擺放附輪子的收納盒，取用方便也容易清掃，可收納不同高度的瓶罐，使用更方便，同時也容易理理。圖＿ AmyLee

# 讓我家浴室不打滑，永保乾爽！

 解決方案 **乾濕分離‧暖風乾燥機‧通風窗＋百葉門‧浴缸溢水口＋石英透心磚**

文———魏賓千、摩比　圖片提供———尤噠唯建築師事務所、德力設計、總管家家事清潔

每次走進浴室，腳底板總是溼溼的感覺很不好。即便加上室內拖鞋，但坐在馬桶上個廁所，再站起來，褲角底部也濕濕的，心情更差。更何況，浴室潮潮濕濕的很容易長黴菌，怎麼消也消不掉，真令人煩惱。

其實安全，是浴室設計的重點，而保持乾燥、不濕滑，是確保浴室安全的基本要素。

浴室能經常維持在乾爽狀態，首先要檢測的是浴室的通風及地面排水狀況。在通風方面，衛浴空間最好有通風窗，同時建議浴室門最好是選用「有縫」的門（如百葉門），製造門與窗的對流，加速浴室裡的水氣迅速排出。

至於地面排水部分，檢視排水區的洩水坡度是否恰當，讓水流可以迅速集中、排出。另外，浴缸建議採具有溢水口設計的為宜，同時櫃體可採懸空不落地設計。同時，乾濕分離設

計對乾燥浴室是有加分效果。

如果建物特性不允許，就必須在室內天花板安裝嵌入除溼、抽風、換氣三合一的暖風乾燥機，整合乾燥、除濕、暖房等功能，對於乾燥浴室是一大福音，尤其是通風效果差的暗房式浴室，在少了對外窗的自然條件，使用乾燥機是不敗選擇。不僅能快速有效地排乾浴室裡的濕氣，在濕冷低溫的冬季，啟動暖房功能，預先烘暖浴室空間，平衡浴室內外的溫差，讓家中幼兒、老人家都能舒舒服服地享受沐浴，價格從10,000～30,000元不等，要視功能而定。

此外，為便於衛浴空間的清潔，設計師建議衛浴磁磚可選用粗糙面局部上彩釉的磁磚，具有防滑好清洗的效果。另外，坊間也有許多清理浴室水漬的小工具，也可以使用，對協助浴室快乾效果不錯。

## 方案 1　浴室乾濕分離設計

乾濕分離設計，便是將浴室劃分為「乾區」，如馬桶、洗手檯區；「濕區」，如淋浴區、浴池，或是浴缸結合淋浴設計等。若預算有限，可以只要在淋浴區與洗手檯之間加裝寬度約 80 ～ 100 公分的強化玻璃區隔即可。或者運用吊桿及浴簾是最便宜的做法。圖＿尤噠唯建築師事務所

## 方案 2　無窗浴室則加裝暖風乾燥機

在室內天花板安裝嵌入除溼、抽風、換氣等功能的暖風機。不但可藉由暖風功能提高衛浴間溫度讓洗澡不易感冒、乾燥功能形同除濕機，快速烘乾室內空間，而換氣功能則是快速將室內氣味排出，涼風則是適合夏天使用，讓室內倍加涼爽。圖＿尤噠唯建築師事務所

## 方案 3　浴缸溢水口＋石英透心磚，易清洗快乾

除了一般磁磚外，石英透心磚度夠好清洗，值得推薦，陶磚則較不建議使用於衛浴空間，因為它吸水量高，不易排水同時易破碎容易刮傷皮膚。另浴缸建議要有溢水口設計。圖＿德力設計

## 方案 4　通風窗＋百葉門片，空間快速乾燥

若是家中浴室有通風窗，不妨再選擇百葉門片，創造浴室的對流，讓濕氣快速排出。圖＿ yalanda

## 方案 5　橡皮刮刀＋專用拖把，快速除濕不發霉

無論是乾溼分離或是架設暖風乾燥機，對於市井小民來說仍是太過昂貴，更緩不濟急，因此家事達人建議可以至大賣場買一把清洗玻璃用的伸縮橡皮刮刀及海棉拖把，在每次用完浴室的最後一人（通常是苦命的媽媽）將牆面及地面的水漬擦拭乾淨，再開約 20 分鐘的抽風機，就可保浴室清爽了。圖＿總管家家事清潔

# 上廁所、洗澡時也想要看書、玩手機、打電動！

解決方案　洗手台再延伸・活動木桌・浴缸平台

文──摩比、李寶怡　圖片提供──大湖森林設計、德力設計、匡澤設計

雖然很多報章雜誌都提到：在廁所看書看報紙，會導致便秘或痔瘡，但是受不了科技產品魅力，仍是有很多人在繼報紙、小說及雜誌等平面媒體之後，將智慧型手機或平板電腦、電子書等3C產品帶入廁所、浴室，好好享受所謂的「如廁時光」。但卻會遇到一個問題，就是這些電子類產品要放在哪裡？其次要充電，怎麼辦？等等問題。

當然，上網路Google一下，可以看到多款的iPad或平板的支架，從幾百元至千元都有，但仍得注意置放地的水氣或溼氣會影響3C產品。因此不妨利用馬桶或浴缸附近規畫各式平台。

首先，可從洗手台面一路延伸至浴缸或淋浴間，形成低矮平台，平時可置放浴巾或換洗衣物，同時也可以可放置書籍閱讀，當然也可以放iPad或iPhone等產品，不用再一直手持使用。

另一種方法，則是使用活動層板，利用支撐五金，安裝在馬桶或浴缸的側邊，需要時架成平台，不需要時則放下靠牆收納，完全不影響空間。若有充電需求，建議設置防水插座方便使用。最簡單的則是運用原木式活動平台，橫架在浴缸的兩側，變身成可移動式的小桌台，方便看書閱讀兼喝茶，或是透過平板看偶像劇或打電動。

方案 1 洗手台面、浴缸台面再延伸，創造閱讀平台

利用浴櫃與洗手台面結合，將台面延伸，與馬桶齊高的台面正好做為可放置書籍或檯燈的平台，同時也可以將科技產品放在此處閱覽；或是將浴缸台面延伸，連同原本拿來置放衣物松木平台，不用擔心沾濕問題，可做為放置 3C 產品的置放地。左圖＿匡澤設計、右圖＿大湖森林設計

方案 2 可收可升架高平台、利用零星空間不佔位

利用馬桶側邊的牆面，運用層板及活動三角五金做成一活動平台，必要時架起來放東西，不需要則可以收納在牆邊，完全不佔空間。
圖＿＿匡澤設計

方案 3 浴缸架設活動木作平台，使用具彈性

創意生活可以從泡澡開始，透過原木材質活動平台置放在浴缸兩側，形成活動茶几，讓人在泡澡的同時，也可以透過 iPad 或智慧型手機看偶像劇、玩遊戲。圖＿德力設計

# 衛生紙放哪好？不易變潮，沒紙補充也方便！

解決方案 **浴櫃層架・浴櫃側開口・下抽式鏡櫃設計・壁掛式衛生紙架**

文——李寶怡 圖片提供——尤噠唯建築師事務所、KⅡ廚具、大湖森林設計、完美主義

**有**沒有這種經驗：每次上廁所總是覺得回頭拿馬桶儲水槽上方的衛生紙，很不方便？擦拭時總覺得衛生紙潮潮的，很不舒服？要不然就是活動式的衛生紙盒總在抽取時不小心掉下來……等等。但最糗的莫過於坐在馬桶上，回頭卻發現整間衛浴裡已經沒有半張衛生紙了，這時只能求助家人幫忙。

其實想要避免尷尬情況發生，最簡便的方式就是要在浴室裡預留2～3包備用衛生紙，放置地方可以是浴櫃或浴鏡裡。

至於衛生紙易潮不易拿的問題，衛浴達人表示，若衛浴空間若通風良好，且有乾溼分離及四合一除溼暖氣設備，衛生紙放哪都不易潮溼。其

次，衛生紙最好還是用專用盒收納，材質以塑膠或壓克力佳。另外，馬桶儲水箱上方最好不要放置任何產品，一來陶瓷面板本來很容易滑，二來不方便維修，甚至有些馬桶的沖水器就設置此，使用不便。因此建議不妨在馬桶水箱的上方約30公分處架設平台放置衛生紙較佳。

另外就是運用衛生紙架及盒子，架設在馬桶的側邊，衛生紙盒開口向下或採直立式擺放，就不會有易潮問題產生。當然最好的解決方案是直接將衛生紙盒設計在浴櫃裡面，並在臨近馬桶那側開口取用。若用完時，浴櫃內直接放入2～3包預備衛生紙，就什麼問題就沒了。

### 方案 1 利用浴櫃層架放置衛生紙

以設計面來説，衛浴要乾溼分離，並保持通風外，若能將面向馬桶的浴櫃做成開放式層架，便可以將衛生紙收納在此。搭配衛生紙盒，便不易發生衛生紙易潮或容易滑落的問題。

圖＿尤噠唯建築師事務所

### 方案 2 浴櫃側部開口，設置隱藏式衛生紙盒

最簡單方式就是在浴櫃臨馬桶處，開個約 12 公分長的孔，讓浴櫃裡的衛生紙可以抽取使用，即不怕水氣入侵，同時又美觀好看。並可同時在浴櫃收納 2 ～ 3 包衛生紙備用，也不怕發生上到一半沒紙的糗事。圖＿KⅡ廚具

### 方案 3 馬桶上方鏡櫃，設計隱藏版下抽式衛生紙盒

將鏡櫃延伸至馬桶上方，並直接在櫃內設計隱藏版下抽式衛生紙盒。其實也很簡單，就是在馬桶上方的鏡櫃內開一個約 10~12 公分長，寬約 1 公分的孔徑，讓衛生紙倒放下抽就可以了。鏡櫃內也可直接放置預用衛生紙，替換很方便。

圖＿大湖森林設計

### 方案 4 選擇直立或下抽式衛生紙架

若馬桶的側邊是實牆，則建議位置是距離馬桶座位的最前端約 10 公分，離地約 70 公分處，為衛生紙架的中心點設置為佳，不會太遠或太近，容易拿取也不怕會被馬桶的水濺溼。自貼式不鏽鋼衛生紙架市售約 500 ～ 800 元上下。圖＿完美主義

# 掃把、拖把怎麼收才不會看起來亂亂的？

**解決方案** 家事事務櫃・窗台收納・懸掛架陳列

文───魏賓千　圖片提供───尤噠唯建築師事務所、養樂多木艮、AmyLee

其實細數家裡會用的清潔工具還真不少，從最小的抹布，至無可忽視的吸塵器、掃把、畚斗、雞毛撢、拖把、水桶、澆水水管、刷子、大大小小的清潔劑……等等，而這些東西通常放在家裡的哪裡呢？是牆角下或是隨處放？似乎無論放在哪裡都覺得感覺亂亂的，無從收拾。而且為了收納這些清潔用品，東塞一處西塞一點，到最後真的要用時，卻發生找不到的情況發生。

其實這個問題很簡單解決，只要把清潔用品和工具集中起來，讓家人使用時都找的到就好了。但是家裡空間有限，這些東西說大不大，說小不小，到底要放在哪裡好呢？

根據家事達人表示，最好的方式就是將屬性相同的清潔用品及工具集中管理。若有儲藏間是最好不過的，

但若沒有也沒關係，可以試著尋找家裡的零星角落來收納。另外，這些清潔用品，最寬的水桶也不會超過45公分，最高的拖把把手最多才100～120公分，因此建議可以至賣場購買有門的專用櫃子，深度約50公分，寬約60公分，高180公分就足夠了，這麼一來不僅具有視覺統一的美感，還可以運用隔層來分類排列，依拿取的方便來擺放，使用起來順手的很呢！

家事櫃內部的規畫，可設置一個高約142公分的內櫃，專門收納吸塵器及細長型用具，如拖把、掃把等，其他則做活動隔板，放置水桶、掃把、除塵棉紙、清潔劑等等的清潔用品，另外還可以利用門後空間設置置物籃架，放置一些短型或小型的瓶瓶罐罐清潔劑及用品。

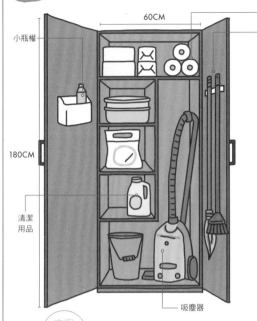

60CM

雜物

掃把、拖把

小瓶罐

180CM

清潔
用品

吸塵器

**方案 1**

### 家事事務櫃, 結合五金加強功能

設置一處專門放置清潔用具及用品的櫥櫃，高約 180 公分，寬約 60 公分，深約 45 ～ 50 公分，搭配門片以遮醜，為配合家事動線，大多放置在廚房附近。圖＿養樂多木良

**方案 2**

### 善用懸掛器及三層活動櫥櫃收納

若是不習慣把工具收納來，怕找不到，那麼可以善用坊間販售的懸掛器，安裝在牆面上，搭配活動櫥櫃將瓶瓶罐罐收起來，以保持廚房及後陽台的清潔乾淨。懸掛器約 399 ～ 599 元，視懸掛夾數量而定。圖＿ AmyLee

**方案 3**

### 陽台凸窗, 再創收納空間

利用陽台外突 60 公分的空間加裝 50 公分的下嵌式儲窗設計，將掃把及拖把等清潔用具收納在其中，上層還可以當花架，一舉數得。凸窗收納的價格帶，以 360 X110 公分 X 外凸 60 公分 + 下降收納櫃 50 公分大約 4 ～ 5 萬元，然實際價格仍需視氣密窗的品牌及安裝需求而定。圖＿尤噠唯建築師事務所

# 買太多大包衛生紙囤積，放哪裡？

解決方案 天花板高低差・冰箱上方・床下儲物盒・
衣櫃上方 VS 橫樑

文——李寶怡　圖片提供——尤噠唯建築師事務所、杰瑪設計、KⅡ廚具

有沒有這種經驗，就是每當遇到國際紙漿漲價，或是聽到大賣場衛生紙在特價時，就會忍不住衝去買一大堆回來。結果，卻發現家裡根本沒有空間放，於是大包大包的衛生紙就囤積在家裡角落，不但十分佔空間，又不美觀。

其實像是這種採購習慣，可以說是完全中了廠商的心理戰術，利用人們對價格上漲的預期式心理所導致的恐慌感，而做的洗腦式銷售手法。下次若有這種衝動的人，不妨回去好好把每個月購買收據拿出來對一下，說不一定會發現，事實上這個月買的特價品還比上個月沒打折的還貴。

去除了心理學後，接下來才討論：在空間上還可以怎麼幫忙解決這

些又輕但體積卻很大的物品收納。

但老實說，除非你家有規劃儲物空間，或是有獨立的更衣室，不然還很難找到其他地方收納。若硬是要擠出來，不妨可以從天花板空間來思考。以一般平版衛生紙或是抽取式衛生紙的體積大約45公分見方，高約6～10公分左右的話，可以利用密閉空間的櫥櫃至天花板空間，如冰箱上層、衣櫃上方，或因天花板落差的零星空間等，甚至床底下也是不錯的選擇。

至於利用天花板的維修孔隱藏衛生紙的想法，設計師建議最好不要，因為天花板內隱藏不少電線及燈管，再加上天花板結構並非做儲物設計，為了安全起見還是打消這念頭。

**方案 1** 利用天花板高低差設計儲藏空間

小空間裡，天花板統整設計，一路延伸至廚房與衛浴過道空間，局部變身為儲藏空間，並加強結構設計，可放置許多物品，衛生紙也可以隱藏在此。圖＿杰瑪設計

**方案 2** 冰箱上層的空間可放置重量輕的物品

大包衛生紙雖體積大，但重量輕，因此放在上層是適合的，尤其是利用冰箱上層的空間放置衛生紙，是不錯的選擇。而且冰箱位在密閉式廚房裡，因此不怕會造成視覺的雜亂。圖＿尤噠唯建築師事務所

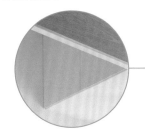

**方案 3** 衣櫃上方，橫樑下零星空間好置物

系統衣櫃最高只能做到 240 公分，若天花板高 280 公分，中間的落差就可以充分利用。但若是將燈管設計在衣櫃上方，為安全起見及維護照明，則不建議變身收納空間。
圖＿KⅡ廚具

 **方案 4** 床下儲物盒，薄型好收納

其實床底下也是不錯的收納空間，一般制式的床組底板高度約 30cm 左右，不妨可以利用市面上的床下儲物盒，將為衛生紙收納置放在裡頭。
圖＿杰瑪設計

# 碰碰碰！別讓抽屜跟櫃門嚇死人！

解決方案 運用緩衝鉸鏈、滑軌及拍拍手

文───李寶怡　圖片提供───尤噠唯建築師事務所

你們家裡是不是常常因為開櫃子拿個東西，或是開家裡的隱藏門時，總是在闔上門時，會發出「碰」一聲而嚇到？想要不讓房門跟櫃門、抽屜在使用關闔時發出「碰碰碰」的吵人聲響，其實可以善用一些五金特性。

以櫃門來說，可以運用緩衝鉸鏈，來減緩櫃門關上時的衝擊而發出聲響。目前市面上分為進口及國產，價位也差很多，因此後來有些設計師會將鉸鏈＋緩衝器用二個零件取代一個緩衝鉸鏈，價位親民，效果也不比進口產品差。另外，也可以運用拍拍手，以按壓方式，少去門板與櫥櫃產生噪音的問題。

在抽屜部分也有緩衝滑軌，屬三節式「鋼珠滑軌」，可選擇安裝在側板式或底板隱藏式，功能是讓抽屜在關闔時也只要碰一下就會自動收回，方便也不易產生噪音，一組以50公分約500～600元左右，進口更貴。再講究些，也可以選擇緩衝滑軌「按壓開啟帶緩衝」，多了輕按抽屜就會開啟的功能，十分適合忙到沒有手開抽屜的家庭主婦，一組約1千多元。上掀式上櫃門片也有緩衝五金，叫「油壓撐桿」，國產價位約在500元上下。

至於房間門的部分，要視居家習慣，如果家裡安裝的隱藏式房門，如主臥室、書房或廁所暗門等等，則建議可以採用自動回歸門鉸鏈，讓門可慢慢自動回復，不會產生碰的噪音，一組約2,400～3,000多元。

### 方案 1 門板上裝緩衝鉸鏈或按壓開啟帶緩衝，方便但較貴

只要有嘗試過緩衝鉸鏈，就不會想再回頭用一般鉸鏈，近年來廠商更推出按壓開啟帶緩衝的五金，透過輕壓，就可以開啟門板，最適合用於廚房及餐廳。

### 方案 2 門板加裝緩衝器，最省錢

其實緩衝鉸鏈並不便宜，若全家的門板都裝，10 多萬元跑不掉，因此才會有延伸出在鉸鏈下方再加裝緩衝器的做法。

### 方案 3 拍拍手，以按壓設計減緩噪音產生

拍拍手的設置，其實是因應做無縫式暗門櫃設計而來，透過按壓的方式開啟門板，的確是比一般開闔式來得方便，又不易產生噪音，是值得一試的方法。拍拍手分為卡扣式及磁吸式，磁吸效果會比卡扣式好。拍拍手的價位約500 元／1 組。

### 方案 4 在抽屜安裝緩衝滑軌

無論在裝潢或訂製系統櫃可以要求在抽屜安裝緩衝滑軌，其實價差不過一組才 200 元左右，若已安裝了一般滑軌，想改成緩衝滑軌，只要滑軌單邊厚度等於 13mm，長度是30/35/40/45/50/55/60 公分這幾個尺寸，都可以更換。

---

**plus+ 選購版**

## 不同櫃門的絞鏈選用

門片蓋住側板 — 6 分鉸鍊

門片蓋住側板一半 — 3 分鉸鍊

門片在側板裡 — 入柱鉸鍊

門片　側板

在挑選絞鏈時，分為 3 分、6 分跟入柱，主要看門板與側板的遮蔽關係，因力距及施力不一樣，因此絞鏈的形式也不一樣。選擇 3 分絞鏈通常櫃體側板會露出約 0.9 ～ 1.2 公分（大約是側板的一半），6 分絞鏈則是櫃面幾乎遮住櫃子側板正面。入柱絞鏈則是櫃門正面或稍微凹進櫃體側板正面。時下流行與牆面整合在一起的隱藏式櫥櫃，則多使用 6 分絞鏈，一般仍以 3 分絞鏈居多。

# 不怕冬天雨天，天天都是晒衣天？

解決方案 陽台深雨批·洗脫烘三合一設備·乾衣房

文——魏賓千　圖片提供——尤噠唯建築師事務所、杰瑪設計

多雨的季節，衣服即使放在屋外晾了好幾天，摸起來潮潮冷冷的，濕氣飽滿，卻又苦等不到陽光露臉，只好多買一些衣褲物備用。不過，解決了日常的「穿衣」問題，成堆衣物佔據陽台、後院，是很多家庭的陽台奇觀。

根據日本針對職業婦女所做的調查顯示，最想要且最滿意的空間規劃，除了中島廚房外，其次就是能結合事務平台的晾衣間。但在寸土寸金的台灣，除非家住透天厝，否則光後陽台就不夠用了，怎麼可能再規劃一間晾衣間呢？因此如何在有限空間裡，解決「乾衣」問題，成為每個職業婦女最想知道的答案。

「乾衣」跟空間息息相關。如果

你買的是小套房，可能面臨沒有陽台的狀況，那麼別無選擇便需借助科技設備的幫忙，採買洗脫烘三合一設備，在規劃空間時可能併入小廚房裡等，解決乾衣的需求，也讓小空間的使用率發揮至最高。

另外，在屋外已有陽台的情況下，家裡也可能添加烘衣設備，以便不時之需。但是，烘衣設備有所謂的可烘材質限制，這時侯不妨試著利用家裡的次要空間，如浴室、獨立小空間來規劃一間「乾衣房」。乾衣房以具「暖房」功能的乾燥機最佳，如浴室用的三合一、四合一暖風乾燥機，有些家裡會用除濕機來烘衣服，在機器的選擇上得再多方比較，挑選除溼功能強的設備。

##  方案 1 深遮陽雨批，陽台好晾衣

想要讓衣服無論冬天或雨天都能快乾，晾衣陽台的選擇很重要，基本上最好有迎陽面且通風佳，怕被雨淋到則建議除了避開迎風面做晾衣場外，雨批深度 45 ～ 60 公分以上較佳。圖＿尤噠唯建築師事務所

## 方案 2 選擇洗脫烘三合一設備

若受限於空間小，或無陽台的問題，那麼利用洗脫烘三合一設備也是不錯的選擇。若家裡有小孩，建議挑選有兒童鎖控制安全系統設計，價格視品牌及洗衣量而定，以 10 公升的洗脫烘設備約 28,000 ～ 35,000 左右。圖＿杰瑪設計

## 方案 3 浴室、小空間，規畫乾衣房

乾衣房最好可選擇畸零空間或密閉空間來設置，像是衣物間兼工作室、更衣室等，結合吊衣桿設計，方便懸掛衣物時使用，透過除濕或暖房設備乾衣。浴室若有暖風乾燥機，也可以列入乾衣房設計的候選名單。暖風乾燥機最好選擇有定時裝置的，如此一來可以設置要啟動的時間，相較之下會比較省電且有效。
圖＿尤噠唯建築師事務所

# 住在公寓裡，仍想要每天擁抱暖烘烘棉被睡著！

解決方案 **女兒牆・半罩鐵窗・烘被機**

文——魏賓千、李寶怡　圖片提供——尤噠唯建築師事務所、瑞銘

根據一份調查顯示，能讓人感到幸福的感覺，並不是賺了多少錢，或中了大獎，而是在晚上回家時，可以躺在吸飽了太陽紫外線的暖烘烘棉被裡，睡個舒服的大頭覺。好像再大的煩惱，只要躺入暖暖的被窩裡，連做夢都會笑！

的確，生活在擁擠的城市，連太陽都很少見到，更何況曬棉被這件事，再加上朝八晚九的工作型態，想要曬棉被只能等假日。但真的等到了假日，就變天，老天爺一點也不給面子。曬棉被這件事，就成了夢想，而幸福也成了夢……。

其實，曬棉被，最要緊的是陽光能不能照得到，受限於都會老舊住宅有太多鐵窗限制，導致陽台的女兒牆被犧牲，也犧牲了曬棉被的便利性。變成只有透天住宅或是一樓及頂樓住戶才享有這樣的權利，於是常常看到大太陽裡下，家家戶戶把棉被往一樓戶外曬，或是往頂樓空間曬。

其實試著將鐵窗拿掉，透過一些設計，如以鐵件設計窗台，搭配內部才能開鎖的有鎖型氣密落地窗設計，把陽台及露台釋放出來，曬棉被的夢想才會近在咫尺。尤其是房子的西曬面，夏季午后的陽光發燙，正適合曬棉被，高溫消毒，再昂貴或精密的設備都不如自然的太陽光來得絕對殺菌，即環保又自然，且安全性高。

另外，目前坊間也開發出不少可以暖被的設備，像是烘被機，就可以把溫暖裝進被子裡，抱著它好好睡上一覺。若預算更充裕的話，則選購有熱氣的中央除塵設備，除塵兼消毒過濾也是不錯的選擇。

方案 **1** 捨棄鐵窗，善用女兒牆

　　為了家人健康著想，改造陽台勢在必行，清除不再使用的舊物、雜物，保持陽台空間乾淨整潔，並拿掉鐵窗保留女兒牆的 100 公分高度，地板簡單地鋪上松木地板，不僅曬棉被時能派上用場，平日也多了一個休閒的輕鬆角落。

圖＿尤噠唯建築師事務所

 方案 **2** 半罩式鐵窗、鐵窗逃生口，彈性日曬所

　　若對台灣的治安仍有陰影在的人，則可以選擇可開鎖有逃生口的安全鐵窗，或半罩式的鐵窗，其開口建議寬度約 150 公分，也就是對開分別為 75 公分，以方便晾曬棉被。圖＿ AmyLee

plus+ 升級版 **中央集塵系統，除塵蟎害還可暖被**

預算足的話，可以安裝一台號稱美國醫療設備等級的中央集塵系統，不必搬動主機，只要管子一插即可使用，十分方便，且機器本身在吸塵時會產生熱氣，讓棉被或布料產生溫熱感，價格大約主機 2 ～ 4 萬元左右，再加配管的安裝，大約 3 ～ 5 萬搞定。圖＿瑞銘

 方案 **3** 運用烘被機，隨時暖被又暖心

　　家中配備一台烘被機，就沒有「看老天爺臉色」的問題，想要暖被，隨時啟動設備就可以了，價格也不貴，每台約 2,000 ～ 3,000 元左右。

圖＿ AmyLee

chapter 2:

# 空間與動線的煩惱

Q026-044

# 媽啊！一定要有神明廳嗎？

解決方案 **確認風水方位・成為空間藝術・打造風格牆・抽盤式平台**

文———摩比、李寶怡　圖片提供———德力設計、大湖森林設計

台灣人相信神明，因此在家供奉神位往往是心靈精神寄託力量的所在，但傳統的神明桌設計，卻與居家裝潢格格不入，讓很多年輕人因而卻步。其實關於神明，只要掌握心誠則靈的原則，而且尊敬神明祖先理所當然，但也無必要非得搞張與空間完全不搭的桌子來破壞空間！在設計師與風水師的協助下，遵循傳統精神的要求，並透過設計手法，將神明廳完美融入空間設計中，且來看看怎麼做到的呢？

首先要先釐清屋主的宗教類別，一般來說，基督教、天主教、伊斯蘭教、佛教都相對單純，道教系統需特別注意相關儀式的細節。其次是確認相關供佛方式與數量，如幾尊神明、神明大小及是否要供祖先牌位等等，

且與屋主確認拜佛時，每天拜佛禮佛的主事者用站立，還是坐跪。

神明廳的安設，最好面向落地窗或大門外，採光比較良好的地點。神明廳後面要有水泥實牆，不能是輕隔間或木隔間，不靠樓梯或櫃子，也不能是臥房、廁所、廚房、穢氣等問題。神明桌一定要穩固，同時對於文公尺的尺度使用必須特別拿捏，一邊看陽宅、一邊看陰宅不可混淆。

如果有點香的習慣，神明廳上方附近一定要裝排煙設備，並注意是否通風，必要時也可建議安裝全熱交換器。電源供應方面，建議以環保為前提，改採LED燈照明或放電池的LED燭台等設備。並最好在神明桌附近規劃神佛器具收納空間，以利於使用。

你可以這樣做

方案 1
先確定風水方位及尺寸

因為是要供奉神明的地方，因此一定要跟風水師搭配，先確定神明廳的安置位置及方向後，才能進行設計規劃。同時要掌握神明廳背面要實牆，且面向落地窗或大門外，採光比較良好的地點，會比較理想。

方案 2
神明廳也可以是空間的藝術品

透過櫃體設計將神明廳嵌入電視牆內，對外視線不可被阻，運用建材配色加以統合，創造不突兀的空間美學。櫃內尺寸都必須符合風水要求，並在上方打燈投射，讓神明廳彷彿空間裡的藝術作品。

圖＿德力設計

方案 5
天花板裝排煙設備

若家裡有點香拜拜的習慣，天花一定要裝設排煙系統，同時神明廳桌內的神明坐臥處的牆面，最好用玻璃做壁材，好清理。

方案 3
抽盤式祭拜平台，展示、收納都方便

除去傳統的厚重神明桌，隱藏在神明廳正下方的抽盤，在需要時可拉出，放東西祭拜。沒必要時可以收起來，不佔行走的空間動線。而下面則為佛家器具的收納櫃。

方案 4
打造風格實牆，滿足神明廳要求

運用水泥紅磚漆成白色的底，為神明廳建一座實牆，化解不靠樓梯或櫃子，背後也不能是臥房、廁所、廚房的問題，同時也避開壓樑、壁刀、角沖、穢氣等禁忌。

圖＿大湖森林設計

# 我家的空間老是覺得不夠用？

 解決方案

## 多空間收納區共用・架高地板・窗台利用

文———李寶怡　圖片提供———尤噠唯建築師事務所

**大**多人老是覺得家的空間不夠用，恨不得能再多個2～3坪出來，但受限於經費及環境，不得不窩在這樣的空間裡，如何從中創造更大更舒適的空間，就考驗著居住者的智慧。

想要在有限空間裡合法地「偷」出一個房間，除非請設計師協助並大動格局，不然是很難達成。那退而求其次的話，到底怎麼在空間裡再「偷」出更多的使用空間呢？

根據設計師們的多年經驗表示，想要「偷」空間，不外乎從二個方向下手：合理的格局配置及擠出更多的收納空間。前者要訣在於將一些屬性相同的空間集中，如客、餐廳及廚房的關係，私密空間的集中等。至於後者，設計師建議不妨從兩個地方下

手：一是檢視空間裡畸零地的利用，以及發展垂直收納空間。

一般空間裡的利用包括臨窗的區域、結構樑柱所產生的區域，以及非方正格局的利用，這些處理方式可以運用合法外推及櫃體修飾，以增加收納空間。至於垂直收納的利用，則可以思考雙面櫃體的整合、地板架高及天花夾層的利用等等。但無論是哪一種增加收納空間的方法，在施作時都必須注意結構及安全性問題，如架高40公分高的木地板做收納，除了要注意防潮問題外，在板材最好選擇4分板以上才穩固。

再者就是利用坊間一些小型的收納箱及工具幫助，在一些流理平台或是角落再創造一些更小的收納坪效。

你可以這樣做

方案 1 40 公分架高木地板，增大收納力

　　除了多做櫥櫃外，還可以利用架高木地板增加收納空間，以小坪數空間為例，將書房、兒童房及沙發背後的畸零地架高做收納，為室內增加約 1/5 的收納空間。

方案 2 善用凸窗及窗台設計

　　窗檯的利用也是增加收納的好方法，唯獨要注意法規及結構問題。

 入口

方案 3 廚房與後陽台及餐廳規劃一起較彈性

　　其實廚房是全家收納最麻煩的地方，因此儘量將餐廳、廚房、後陽台等屬性相同的規劃在同一區域，收納區共用，可以彼此協助支援，而且做起家事起來也比較便利輕鬆。

**plus+ 升級版** **架高木地板要注意結構及防潮問題**

架高木地板做儲藏空間，在設計上要注意，首先最適儲物的空間約長寬高為 90×120×35 公分以內，因此骨架結構要嚴密計算，同時在施工上在底層要上防潮布然後再鋪底板，上蓋的部分要用 4 分板以上再架木地板才會穩固。

# 我想要家裡隨時隨地都充滿溫馨的感覺？

 解決方案 飛碟天花板打光法·平頂天花板打光法·地板燈間接打光法

文———李寶怡 圖片提供———尤噠唯建築師事務所

溫馨的家，才會讓人想回家。但到底什麼是溫馨的家呢？問每個人，可能每個人的回答都不同。以精神層面來說，有可能希望回家有熱熱的飯菜吃、有和煦的笑容、有關懷的家人……等等。但就設計層面來說，的確是有辦法協助屋主營造一個溫馨舒適的「家」的氛圍——那就是透過燈光設計。

在空間裡透過不同的光投射，會產生出不同的空間氛圍及效果。以目前常見的室內空間燈光設計，不外乎天、地、壁這三個面的燈光處理及效果。

就天來說，時下最流行的間接光源設計有二種：一個是直接將光源打在天花板上反射至地板；另一個則是將光源打在空間的四周，將光打在牆上再反射至牆上，最後再落至地板上。以光的亮度及彩度，前者較佳；但就營造比較柔和的氛圍時，則以後者為佳。

另外，在壁面的部分，有壁燈及立燈等所營造的光影變化。在地板方面，最近來不少設計師透過架高木地板爭取公共空間的延伸及變化外，木地板下方還可以做收納。並透過木地板下方的嵌燈設計，以視覺上去處理空間與空間的不明顯分割問題外，對木地板這量體也有輕量化的作用。

同時無論是天花板或是地板，雖然選擇T5燈管，但要注意不能讓人看到燈管，因此怎麼隱藏，成為重點。

另外受到工業設計影響，很多空間設計也漸漸出現裸樑的Loft風格，其運用裸露的管線，直接架設投射燈以協助照明，建議選擇LED燈會比較亮且耐用。

### 方案 1 飛碟天花板打光法, 低矮空間有暖意

所謂的飛碟天花指的就是在牆四周架設間接天花層板,並在此架設光源,讓光線照射天花再反射至空間中央地帶,帶來柔和的燈光效果。比較適用在樑下高度低於 220 公分的天花板空間,或想要天花板感覺更高挑的設計。

### 方案 2 平頂天花板打光法, 洗牆創造溫暖帶

這種平頂天花的設計,主要是想將樑整平修飾掉,因此隱藏燈管的地方,應抓從天花板算下來約 30 ～ 40 公分的高度,再加上樑下天花板高度也不能低於 220 公分,否則會形成壓迫。至於將光打至牆再反射到地上,容易突顯牆面,形成一條溫暖的光帶。

### 方案 3 地板燈間接打光法, 輕化空間

另外將光從地板透出來也是一種燈光的塑造,除了界定空間關係外,同時也讓電視櫃更輕盈化。

### 方案 4 地面往上打光, 更添壁面藝術感

一般燈光設計不外乎由上轉折到地面上或物體上,但換個方式來想,若是將光往上打,壁面呈現如樹影的感覺,有詩情畫意之感,更將空間增添藝術感。

# 為什麼在家走路總是撞來撞去，老瘀青？

解決方案 **走道及動線寬度應超過 75 ～ 100 公分**

文——魏賓千　圖片提供——尤噠唯建築師事務所、大湖森林設計

關　於走道，存在於家裡各個空間，只是有的長、有的短，有行「洗、切、煮」時，後面還可允許一個人通過，而不會發生肢體碰撞，增加廚房安全。

公共走道概分成連結客餐廳、房區的迴廊過道，也應保留75～100公分的寬度，方便人們在走動時可以兩側交會，一進一出，或是兩人同行。

書房裡的基本配置包括書桌椅、櫃子，是閱讀、洽工或習作的地方，也是居家收納的重點空間，可能在同一時間內有兩人同處一室，因應兩人同時間使用書房，走道寬度應該要再納進一個座椅拉開的空間約為100公分左右，讓一人在使用書桌時，後面的人還可以舒服地活動。

作，面對著水槽或流理檯、爐具，進間，或是挑高空間的夾層迴廊等兩大類。連結區與臥房的走道，通常是維持在90公分以上的寬度。至於夾層的被設計在空間裡不自覺。而走道串連至每個空間裡，在室內設計及建築裡，這叫「動線」，像是從客廳走到房間，可能就是走過一條走道才能抵達，廚房裡、房間裡也會有一條通行動線。

基本上，想要在家裡行走自如，不容易跟人或物品碰撞，在空間條件許可的狀況下，會預留75～100公分寬的走道，約為人肩膀的寬度，因為這樣的寬度是舒服的，走動時不會碰觸到牆壁，兩人同時在走道「錯身」也不會覺得很擁擠。

在這個寬度標準下，各個機能空間對於走道的要求又有些微不同。以廚房為例，多半會預留90～120公分寬的走道，考量的是當人們在廚房操

## 方案 1 大門與廊道，一人半的肩寬最舒適

大門不止讓家人進出，同時也是家具進場的主要入口，較適合的寬度最好是包上門框之後還能有 90 公分左右以上的寬度，才不會購買了大型櫃體或長桌時，卡在門外。同時，家人進出時也不顯得狹隘。圖＿大湖森林設計

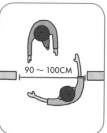

## 方案 2 廚房，請把料理幫手的走動空間也加進來

一字型的廚房是不少家庭常見配備，也是廚房空間裡最常遇到「塞車」的類型，走道的空間，最好預留 90 ～ 120 公分寬，讓一人面對爐台料理時，另一人也能走動幫忙。圖＿尤噠唯建築師事務所

## 方案 3 臥室，床與櫃的距離是重點

在一般臥室裡，櫃子和床的距離通常緊密相連，彼此間的距離除了要考慮行走的便利，也要注意到櫃門開啟是否會被卡住。通常櫃門約 45 公分，而人們的肩寬約在 55 ～ 60 公分，以此為參考標準，走道寬最好不要低於 65 公分。圖＿大湖森林設計

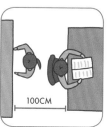

## 方案 4 書房，考慮兩人共用的尺度

不少住家的書房屬於狹長空間，書桌後方即是櫃體，是座位區也是走道區，除了計算桌子到櫃子間的適當寬度，也得注意椅子拉出來後，是否後方仍夠 1 人行走。100 公分是較適當的尺寸。
圖＿尤噠唯建築師事務所

## 方案 5  輪椅行進空間，100 公分以上最流暢

若家中有行動不便的親人同住，走道寬度便需要考量到輪椅進出的方便性，這時侯，房門或走道以 100 ～ 140 公分左右較易進出迴轉，同樣地，浴室開口也須配合加大，方便輪椅進出使用。圖＿大湖森林設計

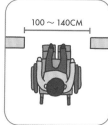

# 我不管，給我更衣室否則免談！

解決方案

## 一字型·L型·II字型·ㄇ字型

文——李寶怡、摩比　圖片提供——尤噠唯建築師事務所、大湖森林設計、德力設計、養樂多木艮

相信每個女人都希望自己的家能有一間更衣室，即便空間不足，也會用盡辦法叫設計師想辦法生出來。其實並非所有空間都能生出一間更衣室，要視空間大小而定。一般而言，若是空間足夠，最好是另闢一間獨立的更衣空間，可以收納全家人的衣物，是最方便的解決方案。

但事實上，一家四口的居住空間都不夠用了，怎麼可能犧牲任何的房間來做更衣室呢？於是，各式各樣的更衣空間便在住宅裡呈現。根據設計師的經驗表示，只要臥室小於3坪以下，光要放入一張雙人床都嫌擁擠了，更何況還要擠入一間更衣空間呢？因此多半會運用衣櫃處理，而且收納量並不會比更衣室還要少。

至於3坪以上的臥室裡，想要規

劃更衣室，必須視整體動線、開窗位置及格局配置而定。大致上，扣除了一張雙人床、化妝台、床頭櫃等必要的機能後，在不佔到通往門口及衛浴動線的地方，仍剩下140公分、長180公分，約0.7坪大小的空間，便可以試著規劃一間簡易的一字型更衣室。若深超過240公分且長180公分，則便可規劃出ㄇ字型的更衣室。

而更衣室最佳設置地點最好是在進出衛浴的地方，收納或使用上也較方便。至於更衣室內部是否要加裝門片，其實見人見智，但設計師表示，若更衣室與主臥採開放式設計，或是更衣室內部有臨窗設計，建議最好加裝門片比較不易染灰塵，並可在門片開啟時加裝觸控燈，方便拿衣物時，衣櫃自動亮燈照明。

**你可以這樣做**

 方案 **1**　一字型更衣室，
需求空間 0.7～0.9 坪

在衣櫃與床之間約 70 公分寬的距離，增設高床頭板 ( 或半牆 )，如此便可替臥室創造一個完整的更衣空間。圖＿養樂多木艮

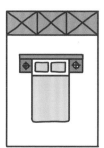

 方案 **2**　L 型更衣室，
需求空間 0.9～1.1 坪

若床尾的空間夠寬敞，可運用臥室的轉折空間，或牆柱內縮的畸零空間，甚至於與衛浴分割，創造出 L 型的更衣格局，並透過適度的角落，遮掩更衣。
圖＿大湖森林設計

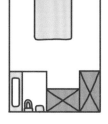

方案 **3**　II 字型，
需求空間 0.9～1.1 坪

利用臥室對於電視牆的需求，在牆體後方另行規畫衣櫃，同時與原有的衣櫃圈畫出一個獨立完整的更衣空間。圖＿德力設計

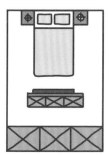

方案 **4**　ㄇ字型，
需求空間 1～2 坪

若臥室夠大，可以讓出一個獨立空間，大小約為 240×180 公分，則便可規劃出ㄇ字型的更衣室，做出大容量的收納。圖＿尤噠唯建築師事務所

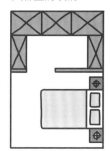

**plus+ 貼心版**　**衣櫃＋布簾或格屏＝簡易更衣室**

若是空間真的無法規劃更衣室，設計師教一個折衷的辦法，保留衣櫃，但在衣櫃外邊，臨離約 70 公分再做一窗簾軌道搭配布幕，或是格屏將之圍起，就是一個即便宜又簡易的更衣室了。

圖＿尤噠唯建築師事務所

# 受限陽台不外推法規，我家該怎麼用？

 解決方案 **長桌穿越式設計・延伸架高地板・層板＋花台・盪秋千＋半圓桌**

文──魏賓千、摩比　圖片提供──尤噠唯建築師事務所、德力設計、養樂多木艮

（一）

一般建築裡的陽台其實包括了前陽台及後陽台，其中後陽台屬於事務間，擺滿了洗衣機、晾衣服及一些雜七雜八的物品，反觀前陽台因有風水「明廳」之說，事關屋主的官運及財運，因此多半會維護得比較整齊，最多僅放置鞋櫃等物品。

而且現在受到建築法規的限制，現在無論新舊建築物的陽台多半已無法外推，為居家再爭取空間，否則只要有人檢舉，即隨報隨拆，不划算。

因此，不妨轉念將前陽台與室內設計結合，為居家環境帶來更多的可能性。

最常見的，就是以木作重新包覆陽台的地面及立面，讓整個空間看起來如沈浸在休閒的自然空間氛圍裡。

並透過層板及女兒牆的花盆吊籃設計，植栽花花草草，讓此處成為家人閒暇親近屋外綠意的一方園地。

又或者一般前陽台總緊臨著出入大門，使得鞋子零亂擺放大大地將陽台印象扣分，此時可以試著更動陽台的動線，並重新包覆進去陽台的門框，並在陽台種植綠色植栽外，同時也試著將桌椅搬到陽台上，喝茶聊天泡咖啡，頗有身在巴黎左岸的氣氛。

陽台採南方松訂製，南方松具抗潮特性，施作時必須注意後續維修，但是設計師提議也可採地板磁磚，具有地板木紋效果的石英磚，好清洗不易受到破壞，生命週期較長，兩者建材的預算可控制在一坪6,500～7,000元不等，視屋主挑選的建材而異。

**你可以這樣做**

方案
1
## 長桌穿越式設計，陽台與書房結合

一道串連室內書房與戶外陽台約三米長的懸空書桌，關鍵在於藏在桌子裡利用槓桿原理量身訂製的鐵件，鐵件固定於泥作外牆，然後用木作加以包覆樑身現場訂製。陽台保留建商的二丁掛，外觀遵照建築法規定未任意變動。木皮採鋼刷鐵刀木，主要是希望營造粗曠的原野風，和戶外的綠意相襯，公私領域相串連，營造充滿綠意的舒適書寫與閱讀空間。圖＿德力設計

方案
2
## 延伸架高地板，內外交融的休閒氣氛

從室內書房的架高木地板一直延伸至陽台，連成一氣。陽台改採南方松鋪陳於壁面及立面，讓此處營造休閒自然氛圍，形成客廳的美麗端景。
圖＿尤噠唯建築師事務所

方案
3
## 層板＋花台，打造專屬小花園

不加裝鐵窗，運用陽台的花台深度，以植栽當作欄杆，隔出視覺上的「安全」距離，感受天光星辰時，就不會有鐵窗的線條干擾。圖＿養樂多木艮

方案
4
## 盪秋千＋半圓桌，享受午後閱讀咖啡時光

利用南方松層板將原建物的馬賽克女兒牆扶手覆蓋，再搭配木地板，及盪秋千和可收納的半圓桌，在午後映襯著太陽餘光，在此享受閱讀及品嚐咖啡樂趣。
圖＿養樂多木艮

# 貓貓狗狗，也想舒適的和主人一起住到天長地久！

（解決方案）**臥舖設定‧專屬收納‧紫外線殺菌‧**
**寵物通道‧如廁區**

文──摩比　圖片提供──德力設計、杰瑪設計

飼 養寵物的現代人越來越多囉！
忙碌的工作之後最期待的就是
回到家看看自己心愛的寶貝寵物。當
居家空間增加了飼養的寵物，而不再
只是屬於人的單純居所時，裝修所需
考量的問題更加廣泛。

寵物空間的設計必須視寵物類別
與特性而定。一般來說，常見的貓狗
空間可依其特性注意趣味度，讓寵物
也可體驗空間中的舒適度。觀察寵物
屬於長毛或短毛有益於家中建材的選
用參考，如是長毛者，家中建材可選
用亮面好清潔為前提，短毛則選用限
制較少。

家具的部分，則避免選擇籐編、
真皮、布料等材質沙發，容易導致貓
抓咬及磨爪子，或者可先準備貓抓板
及貓爬架給它玩。

關於狗窩或貓籃的選擇，自然材

質較佳，如竹、木等。決定地點後最
好在窩內放些清潔的舊毛毯、厚毛巾
等，並每週定期清理換布，以維持清
潔。

至於設置的位置也要考量，除了
要避開家人走動位置，另外，也別放
在太通風，以免容易感冒。另想要貓
咪狗狗不在家裡隨地大小便，就要為
其思考如廁的動線及便利性，多半會
設定在廁所或陽台，因此在這兩處的
門片要設置其專屬的出入口。

寵物的休憩睡臥空間周邊可增加
儲放寵物專用的專屬收納櫃，以放置
貓狗的相關物品，甚至可以在收納櫃
下方或睡鋪的上方增設紫外線殺菌裝
置，當寵物離開外出時，就可以打開
進行清潔作業。另若養貓的話，別忘
了在家裡設置貓兒專屬通道，或在高
處設置貓咪可以窩藏的地方。

圖片＿德力設計

方案 1

### 設置貓狗所屬用品的收納櫃

可利用懸空設計的收納櫃下方，規畫成寵物睡房，上方則是收納寵物用品，像是糧食、玩具、清潔殺菌用品、衣物及項圈等等。

方案 2

### 貓狗專屬的睡眠臥鋪

狗窩及貓籠應選擇好清潔的材質，以竹編最佳，若選塑料和鐵線等材質，則需避免在陽光下面曝晒。

方案 3

### 增設紫外線殺菌裝置消毒清潔

養寵物最怕的就是出現跳蚤、蟎害及寄生蟲等問題，建議在睡臥區設置紫外線殺菌裝置，當寵物離開時，可進行清潔殺菌作業。

方案 4

### 設置寵物專屬通道及動線

在家裡設置貓狗專屬動線。像是貓喜歡在高處走跳，不妨設計跳板及高處洞穴行走及窩藏；或是狗兒進出室內外或廁所、陽台的專屬狗洞。

圖片＿杰瑪設計

方案 5

### 如廁區要在固定位置

最好先把貓貓狗狗的如廁區固定下來，貓用貓砂，狗可在廁所用報紙養成習慣。如廁地方建議一定要跟睡眠區及飲食區分開。

 plus+ 貼心版

## 什麼人適合養什麼貓狗

| 主人類型 | 狗狗類型 | 貓咪類型 |
| --- | --- | --- |
| 頂客族 | 德國牧羊犬、阿富汗獵犬、藏獒等獨立性超強的犬種適合 | 狸花貓、孟加拉貓、阿比西尼亞貓也具備相對獨立的性格 |
| 適合家有小朋友 | 拉布拉多犬、哈士奇、比熊犬、吉娃娃犬、西施犬等個性溫和的犬種 | 布偶貓、美國短毛貓、異國短毛貓 |
| 適合家有老年人 | 貴賓犬、博美犬、約克夏梗犬、巴哥犬、鬆獅犬、大白熊犬、蘇格蘭牧羊犬等的犬種 | 波斯貓、俄羅斯貓、蘇格蘭折耳貓、英國短毛貓、異國短毛貓 |

# 在不影響收納機能下，把櫃子變不見的辦法？

解決方案 **櫃子藏牆間・灰鏡茶鏡隱身法・鏡門反射**

文──魏賓千、摩比　圖片提供──德力設計、尤噠唯建築師事務所

在空間裡，櫃子代表收納機能，是不能少的，從一進門的玄關鞋櫃、客廳的電視櫃、餐廳的餐廚櫃、主臥的衣櫃或更衣室、廚房有電器櫃及上下櫥櫃、衛浴有浴櫃……等等。若全部櫃子做門片，雖然在日常生活上方便清潔維護，避免櫃內物品積染塵埃，但櫃子多了門片，總容易帶給空間沈重的壓力。這時，不妨利用反射性材質，讓櫥櫃不只是櫥櫃，也可以一道可半透視的門、或一道放大空間的牆。

運用的手法很多，但多半仍採遮蔽式的方法處理，而呈現的方式有外部反射、內部透光及連成一氣的設計手法來減低櫥櫃的量體感。像是將所有櫃門利用鏡子玻璃材質，搭配燈光投射的變化，降低櫃子的笨重、壓迫感。另一方面，也可以考慮利用木頭封板的方式，將櫃子與相鄰的牆整合成一個「面」體，都是可行的方式。

又或者在櫃體外面加裝一扇推拉門設計，如同一個屏風，必要時可以當書房的門，開啟後則做為櫃體門片，採用灰鏡與茶鏡，讓空間因鏡面反射而達到視覺上的放大效果。

如果空間足夠，不一定要把拉門直接做在櫃體前面，反而拉出一個走道空間或儲物空間，表面輔以局部烤漆玻璃，而特定展示區域則採縷空留白，還原成透明的強化玻璃設計，櫃內輔以LED燈照明，讓在門內櫥櫃裡的展示藝品更具視覺焦點，而櫃體也在門片半遮掩的情況下，化解原本厚重的量體感。

## 方案 1　化零為整，將櫃子及門隱藏在牆內

擺放櫃子的位置，可以是在動線的轉角上，旁邊不只是接著牆，還與其他空間的入口相連，如臥房、浴室、儲藏室等，將櫃子發展成一面牆的解決方式就很好用，化零為整，櫃子、空間入口整合成一面大牆，刷上顏色、貼上壁飾都美觀。圖＿尤噠唯建築師事務所

## 方案 2　灰鏡、茶鏡拉門低調隱身，兼放大空間

若空間裡已配置大量的衣櫃、書櫃與收納櫃，過多櫃體容易顯得呆滯，因此可在收納櫃中，運用各種面板的變化，讓櫃體機能中不失趣味。運用灰鏡與茶鏡做成70公分寬的大面積的推拉滑軌門遮蓋書櫃，同時也有放大空間的視覺效果。圖＿德力設計

## 方案 3　半透明烤漆玻璃搭配 LED 讓展示櫃若隱若現

客廳沙發背後設計一道深度60公分的收納展示櫃，以放置屋主特置大型藝術品，為能時時欣賞展示櫃裡的作品，因此設計師特別不緊貼櫥櫃設計門片，而是留出約70公分走道後才架設局部烤漆玻璃，特定展示區域則採縷空留白還原成透明的強化玻璃設計，並輔以 LED 燈照明，讓展示藝品透過光源，再從半透明的門片反射出來，因矇矓美而更具視覺焦點。圖＿德力設計

## 方案 4　運用鏡子櫥櫃門片 放大兼反射光源

因位於玄關及廚房出入口，採光不足，因此採用鏡面玻璃做櫥櫃面板，除了可當外出儀容鏡外，透過鏡面反射，也讓空間更為明亮，並達到放大空間之效。圖＿尤噠唯建築師事務所

# 門要怎麼開才不容易撞到？還能增加收納空間？

 解決方案 **單扇門・彈簧門・拉門・折疊門**

文───魏賓千、李寶怡　圖片提供───尤噠唯建築師事務所、大湖森林設計、杰瑪設計

每天要走幾次門，你曾仔細算過嗎？而除了自動門外，你家門的形式是往內開或是往外開呢？你又曾仔細想過嗎？門是每天都需要接觸的媒介，就像衣服一樣，若是一開始沒選好、沒做對，就像穿錯衣服一般會造成很大的困擾，到底門要怎麼開，在室內空間裡才不容易撞到或吵架，甚至還可以增加收納空間呢？

門的設計，其實跟空間動線有很大的關係。以室內來說，大多是往內開的形式較多，僅有少數因應機能的需求，才會設計對外開，或是以拉門形式呈現。就空間格局而言，門掌握了出入的動線，再加上必須思考物品搬運的可能性，因此室內門的寬度多半在80～90公分左右，玄關大門則比較大一點，約90～100公分，出入廁所或儲藏間的門則為最小，大約65～70公分，而衛浴內的乾溼分離最少也要金，即可在門片上增加不少收納。

有70公分的寬度，才適合人進出。另外像美式風格裡有雙扇門設計，寬度約120～180公分，若寬度超過210公分，則建議做成三扇或四扇的拉門或折疊門，以便承載門的重量。

至於門的高度，則一般維持並統一在200～210公分，較為美觀；但現在孩子的營養好，若全家人的平均身高超過180公分，建議最好門的高度要再往上10～20公分左右才不會覺得壓迫。除此之外，家中有不少櫥櫃門片也要注意打開的位置，像左右開的門片建議約45公分較好施力且好看。

門的類型眾多，有單片推門、隱藏推門、對開門、折疊門及拉門設計，其中拉門又分為隱藏式拉門及單邊拉門設計。若談到收納空間的利用，仍以一般房間常用的單片推門使用機能較大，運用整排的門後掛鉤五金，即可在門片上增加不少收納。

**你可以這樣做**

### 方案 1　單扇門，門片可加裝收納五金

門寬 80 ～ 90 公分，適用每個室內空間，多為木材質，且透過五金吊鉤可在門片上增加收納。除了一般進出門外，另衣櫃等收納門櫃也適用，收納門片約 45 ～ 60 公分。大門出入口最好有 100 公分。
圖＿大湖森林設計

### 方案 2　彈簧門，輕推即開即關

透過彈簧五金，讓門可 180 度輕易推開與自動歸位。門寬 75 ～ 90 公分，適用在進出吧台或廚房的隔間門或後陽台的紗窗門。此外，老人家的長親房門也適合做此設計，方便進出。
圖＿尤噠唯建築師事務所

### 方案 3　拉門，不費力不佔位

拉門一般建議做懸吊式軌道較美觀，動線上也較順暢，若超過 150 公分寬度，則建議要做結構加強，選擇好的五金，較能承載門的重量及使用次數。至於隱藏式暗門，最好安裝自動回歸鉸鍊，才能在開門後自動定位。右圖＿尤噠唯建築師事務所、左圖＿杰瑪設計

隱藏式拉門

單面拉門

### 方案 4　折疊門，大開口創造寬闊感

折疊門最好採鋁合金框架、鋅合金把手，門邊貼有 PVC 氣密壓條，折合處利用隱藏式強化鉸鏈，留出空間可防止夾傷，建議搭配 8mm 以上厚度玻璃。圖＿尤噠唯建築師事務所

**plus+ 圖解版**

**4 種常見門開門法**

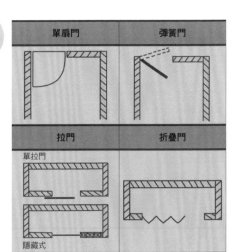

| 單扇門 | 彈簧門 |
|---|---|
| **拉門**<br>單拉門<br>隱藏式 | **折疊門** |

# 能讓職業婦女快速處理家裡大小事的辦法？

解決方案

## 簡化動線・鍋具好收納・進門直達廚房

文───摩比、李寶怡　圖片提供───德力設計

任 誰回家都想看到笑容滿面的媽媽吧？

但是現實的情況是：每天媽媽都慌慌張張地衝進家裡，把包包及外套丟在客廳，然後繞過餐廳再到廚房，再用最簡單又快速的方法料理食材。

這中間還不時夾雜，因為看不到孩子在做什麼而吼來吼去的對話聲。等忙完了第一場吃飯的，緊接著洗碗、收衣服、檢查小孩功課、安排家人洗澡……等等，每天若能12點上床睡覺就偷笑了。隔天一早，6點就要爬起來，叫小孩、做早餐……等等，長期下來，再怎麼優雅美麗的媽媽也很容易變成黃臉婆，所以要怎麼做讓職業婦女一回家不到3小時就可以敲定家裡大小事呢？

請菲傭是有錢人的權利，以台灣的生活環境及中小型的住宅坪數，在家規劃適合職業婦女的家事動線，成為設計重點。

傳統的隔間及動線設計，多以男方為主要思考，因此密閉餐廳、廚房、過長的廊道，造成不方便的行徑動線，也讓處理家事變得複雜，更造成親子相處的隔閡。設計師建議不妨採用日本近年很流行的LDK（Living Room＋Dining Room＋Kitchen）開放式空間設計，將讓客廳、餐廳與廚房三個主要的公領域維持開放的設計且彼此相連著，並將後陽台一併規劃入內，縮短衣物清洗、晾曬及將衣物收納到臥室的動線設計，讓媽媽做家事一氣呵成，更為方便。

至於廚房與餐廳之間，要中島、吧台或備餐台，可視空間坪數及需求而定。但設計師建議將水槽面向餐廳，中間以擋水板設計，讓女主人就可以輕易一邊烹調一邊監看孩童們讀書寫作業。另外，搭配加長版的餐桌，桌下設計插座，還可變身為女主人的工作檯之一。

你可以這樣做

 方案 1

## 廚房串連後陽台、主臥，簡化洗衣、晾衣及收納動線

廚房右側為事務後陽台，左邊為主臥收納，動線為洗晾衣後陽台→廚房→主臥折衣收納。廚房走道且控制在 90 ～ 100 公分內可容納雙人動線，媽媽做料理時，家人也可以幫忙收納衣物。圖_德力設計

方案 2

## 食材鍋具好收放，不再被零亂惹惱

另採 120×180 公分，高度 100 公分的中島吧檯設計，與 75 公分高的餐桌，形成和諧的高低差，吧檯下方三面設有抽屜與對開門片儲物櫃，可

儲放乾物與
果汁機與鍋
碗瓢盆，收
納容量大。
加長餐桌又
可變身女主
人工作桌。
圖_德力設計

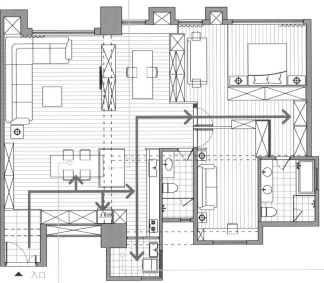

▲ 入口

plus+ 升級版

## 擋水板備餐台遮雜亂，料理台就是司令台

無法設置中島或是吧台，可將水槽面向餐廳，中間以擋水板設計輔以集層柚木平台作為迷你備餐台，高度 85 公分的廚具，搭配置 95 公分高的擋水板，和 75 公分高的餐桌，形成和諧的高低差，完全

符合人因工程。有了
擋水板，廚房的雜亂
不會被用餐者看到，
而且烹調者與用餐者
之間可以藉此輕鬆互
動，視線彼此得以交
流，廚房與餐廳因此
整合成為一個完整的
膳食空間。圖_德力設計

 方案 3

## 進門直通往餐廳廚房，替媽媽省時省力

將客廳、餐廳及廚房串連成公領域，可隨時顧及家人及孩子需求及互動。動線變成由玄關→餐廳→廚房，中間還有冰箱，方便媽媽採購食材回來分類收納。圖_德力設計

# 有沒有少動隔間就能擁有開放式廚房？

解決方案 **出菜台開窗設計・移除半面牆・
電捲門隱藏爐具**

文──李寶怡　圖片提供──杰瑪設計、尤噠唯建築師事務所、KⅡ廚具

開 放式廚房是每個婆婆媽媽的夢想，但當有機會裝潢居家設計時，才知道並非每個家的格局都有辦法擁有一個開放式廚房，因為有時不只是更動廚房，全家的格局、管線等都要改變，如此一來要花費的裝潢費會變成原本預估的2～3倍。一般人聽到這樣的設計及價錢時，裝載夢想的熱情馬上冷了一半，繼續待在密閉式廚房裡與油煙奮鬥。

有沒有少動格局就能擁有開放式廚房的設計呢？答案是有的。方法還不少，包括在廚房及餐廳開個窗做出菜台的設計、將餐廳及廚房的隔間牆拿掉一半做成隔屏方式處理、廚房與餐廳結合，把原本的廚房改成儲藏室等等。

雖然如此，但整體設計並非只是看到成果而已，中間仍需要很嚴密地檢視管線的分配及走法，才不會造成必孤孤單單的了。

未來使用上的困擾。

像是在廚房及餐廳隔間牆開窗的設計，之前就必須檢測開窗牆面內是否有隱藏管路，若有就必須將管路變更，將水電走在廚具的下方隱藏。而且為強化出菜台的結構體，設計師刻意用鐵件鋁框處理，讓窗框的線條更為簡潔，使用保養上也較為便利。

至於拿掉一半隔間牆的設計，也是運用相同的手法處理。

比較有趣的想法，是將原有的廚房改為其他房間，把廚房直接搬入餐廳，與餐桌結合，與客廳等融合在公共空間裡的設計手法。這條件是將餐廳電器櫃的一部分讓給爐具使用，然後留約80公分的走道再做與餐桌結合的中島設計。設計師表示，只要餐廳超過1.5坪就可以施作，變出婆婆媽媽夢想中的開放式廚房，以後作菜就不

⇨

### 方案 1 出菜台開窗設計，內外互動便利

　　保留原本的廚房，僅在臨餐廳那面開窗做成出菜台設計，並用鐵件支撐結構，建議出菜台的面寬要較牆厚 2 ～ 3 公分，以便放置碗盤不易掉落。出菜台下方設置水槽，方便用餐完可以直接遞進來清洗，更增加家人互動。圖__杰瑪設計

### 方案 2 移除半面牆，半開放廚房設計

　　有人或許會擔心入門不見爐灶的風水問題，因此不將牆全部打掉，僅留 90 ～ 100 公分高的牆面一直至入

口處轉角收邊，當做屏蔽兼出菜台。同樣將水槽及流理台擺放在這一側，可與餐廳互動，而將電器及爐灶放在靠牆一側，才能專心做事。

圖__尤噠唯建築師事務所

### plus+ 貼心版 1.5 坪，也能有小中島開放式廚房

　　佔用客廳約 150 公分的牆面，嵌入一套爐具及電器櫃的廚具，走道留 90 ～ 100 公分以不阻礙通往陽台的動線，然後再放入中島餐桌，中島下方設計收納櫃，僅要 1.5 坪。若要嵌入水槽，則中島可再做大一點即可。

圖__KⅡ廚具

### 方案 3 將餐廳＋廚房，電捲門隱藏爐具

　　將原本 8 坪的客廳及餐廳，以及僅 2 坪的廚房做一整合，原有廚房改為儲藏室，而廚房空間設置在餐廳。所有家電用品設計在靠牆的高櫃裡，並利用 KⅡ專

利的電動捲門隱藏爐具，T型中島內有水槽及陶磁爐，下方為碗盤收納櫃，讓媽媽做家事時不必面牆。圖__KⅡ廚具

# 不同的後陽台可以怎麼規劃？

解決方案

## 長型陽台‧L型陽台‧方型陽台

文——李寶怡　圖片提供——尤噠唯建築師事務所、大湖森林設計

關於後陽台的規劃設計，在一般
室內設計的雜誌裡都少著墨，
原因在於在空間規劃時，一來空間不
大，二來當預算有限時會先將這部分
犧牲掉。

在這種情況下，受限法規——陽
台不能外推的情況下，多半會有一面
女兒牆，另一面則為通往廚房的出入
口，也因此後陽台能運用的空間僅有
二面牆而已。而這中間又涉及到電
錶、水錶及瓦斯管線、水電管線的配
置等等，使得這後陽台小小不到1.5坪
的空間，卻塞滿了各式各樣的東西及
電器，而讓人無法回身使用。甚至有
些空間還呈現陰森森林的氛圍，讓人都
不想靠近。

到底要如何將洗衣機熱、水器、
水槽、居家修繕工具、洗衣精、柔軟
精、領口清潔劑、掃把、拖把、水桶
……等等，各歸其位並讓人很好使
用，就考驗著居住者的規劃能力及巧

思了。

其實在建築法規劃，事務陽台寬
度有限制，最少要有200公分，至於長
度就要視位置而定。於是在這樣的規
定下，後陽台就有長型、方型及不規
劃形的架構產生。

就整個收納機制來說，長型及L
型的事務陽台較好規劃。只要將用水
區域集中，像洗衣機、水槽及熱水器
等，其他空間則拿來做收納處理，但
記得要留出最少75公分以上的動線。
若是有晾曬方式，則建議採及腰矮
櫃，以免衣物在升降中容易沾染到灰
塵。另有完整牆面處則可以拿來收納
像拖把、掃把及梯子等長形物品。

至於方型陽台其實能使用的空間
很小，建議採垂直面發展，像是可將
烘衣機與洗衣機以疊架方式處理，或
採購洗烘脫三合一機種。若無法再安
裝水槽，則建議廚房水槽別離太遠。

**你可以這樣做**

 方案 **1** 長型事務陽台規劃

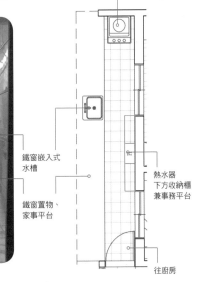

以長型的事務陽台來說，約300公分的長度，卻有1面的開窗，而另一面則為女兒牆的情況下，建議將用水區域集中在底端，像洗衣機、水槽及熱水器都集中在一起。然後沿著室內牆面規劃收納空間矮櫃，或是利用老舊公寓的鐵窗規劃成事務平台。鋪上南方松地板，即使是事務陽台也能有休閒感。

圖__同心綠能設計、尤噠唯建築師事務所

方案 **2** L型陽台的規劃及配置

一般能擁有L型陽台是非常幸運的，因為往廚房的動線在L轉角處，因此一出來，往右或往左都可規劃空間變較多元化。像是可以依管路將洗衣機、水槽及熱水器都集中在此，並將事務平台及清潔用品收納規劃在一起。另一邊則可以放置其他設備，如淨水器、中央集塵系統等等，或將掃把及拖把放在此處，就不易相互干擾。圖__尤噠唯建築師事務所

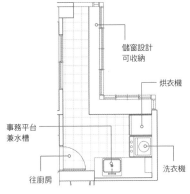

方案 **3** 方型陽台的規劃及配置

方型陽台可運用的空間屬所有陽台中最小的，而像本案僅0.7坪的面積，但其中三面分別被對外女兒牆、窗及通往廚房的入口佔掉，因此只有一面牆可以使用，只能規劃洗烘脫三合一及水槽。其中收納部分只好集中在水槽下方處理。另鋪上染色的南方松地板讓這裡呈現休閒氛圍。

圖__尤噠唯建築師事務所

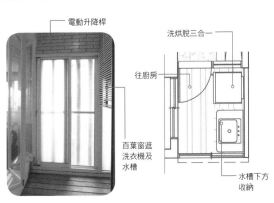

手動升降晾衣架／洗衣機，或廁所／鐵窗嵌入式水槽／熱水器下方收納櫃兼事務平台／鐵窗置物、家事平台／往廚房／電動升降晾衣架／儲窗設計可收納／烘衣機／全室淨水器／事務平台兼水槽／洗衣機／往廚房／電動升降桿／洗烘脫三合一／往廚房／百葉窗遮洗衣機及水槽／水槽下方收納／100～120CM／180～200CM

# 怎麼讓我家後陽台好好用？

解決方案 **節能照明・升降曬衣架・凸窗儲窗・靠牆收納・水設備同側・工作平台**

文———李寶怡　圖片提供———尤噠唯建築師事務所、郭文豐建築師事務所

但實際上，只要經常使用過的人就知道，扮演著晾衣及洗衣功能的事務性後陽台，要放的東西還不少，包括：熱水器、瓦斯筒、事務性水槽、洗衣機，有時甚至家裡所需的梯子、居家修繕的五金工具、清潔衣物的洗衣精、柔軟精、領口清潔劑、掃把、拖把、水桶等等，都會放在這個小小的空間裡。所以一旦東西擺放位置不對，做什麼事都會卡卡的，不順遂，也容易導致家裡的人會推三阻四地不想幫忙，而最後所有的家事都變成婆婆媽媽的責任。

因此規劃一間好用的事務性後陽台，不但可以讓婆婆媽媽眉開眼笑地在這裡洗衣、晾衣服做家事，若再多點規劃，如架高木地板、做圍籬及花架等，還可以吸引孩子跟老公來幫忙外，甚至也可以為媽媽們爭取一點休息或喘口氣的空間。

但這麼多東西該怎麼規劃及設計呢？明亮的空間是一定要的，LED燈的架設，讓陽台不會陰陰暗暗的。建議安裝自動或手動式的曬衣架，讓婆婆媽媽可以輕鬆又安全地晾衣服，不用伸長手臂或脖子而肌肉酸痛。儘量將洗衣機及水槽設計在同一側，方便處理領口或袖口等細部衣物清潔。而且水槽最好要有冷熱水，在冬天時可用熱水洗滌不怕冷。若有烘衣機，建議可以架設在洗衣機上方，但要注意使用高度。

下方也可收納一些洗滌衣物的各式清潔劑。接著再好好利用一些零星空間，靠牆收掛，讓陽台走道維持約60公分的動線順暢，清清爽爽且明亮的事務後陽台，讓人不由得喜歡它。

**方案 1** T5 燈或 LED 燈，節能照明

使用 T5 燈管或 LED 燈，讓照明更為節能、明亮。

**方案 2** 凸窗儲窗設計，增設收納空間

利用高約 110 公分的女兒牆，結合氣密窗的儲窗設計上面為事務平台櫃，方便晾曬衣物時，可以暫放此桌，或也可在此直接疊折衣服再收進屋內。下面增加儲藏空間。

**方案 3** 自動式升降曬衣架，省力晾衣

安裝自動或手動式的曬衣架，讓婆婆媽媽可以輕鬆又安全地晾衣服，不用伸長手臂或脖子而肌肉酸痛。

**方案 4** 居家清掃用品，靠牆設置

像掃把、吸塵器及回收筒等靠牆面收納，才不會佔去室內太多空間。

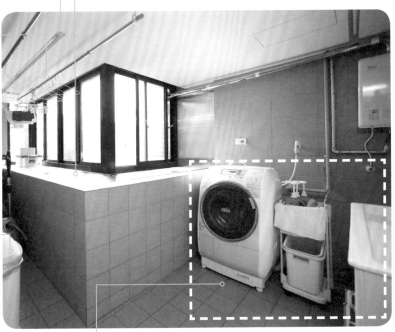

圖片＿尤噠唯建築師事務所

**方案 5** 將用水設備規劃在同一側

將洗衣機、水槽及熱水器規劃在一側，一來減少管線更動問題，同時在處理領口或袖口等細部衣物清潔上也比較方便。結合洗脫烘三項功能的設備能大大節省後陽台空間。

**方案 6** 三層式工作平台，衣物分類處理

不妨可以將衣物整理的工作平台一起安排進來，從清洗到烘乾、晾曬、以及摺疊與燙衣服，都在同一空間完成。工作平台可選用三層設計，除了乾淨衣物放在最上層處理，待洗衣物與清洗工具也都可以在下方分層收放。圖＿郭文豐建築師事務所

# 希望我家走到哪都很明亮！

解決方案 局部敲牆・戶外引光・玻璃隔屏

文——魏賓千、李寶怡　圖片提供——匡澤設計、尤噠唯建築師事務所、杰瑪設計

（四）面無窗又暗暗的房間，任誰也不喜歡，除非因個人需求，如攝影工作，在家中需要預留一個完全密閉又黑暗的房間外，通常在設計格局時，這種暗房空間是絕對列入整頓項目，因為暗房缺少光，連帶地通風差，長時間待在暗房裡是不利人體健康的。

另外，因為不良隔間的關係，也會導致整個空間看起來陰暗、狹窄的感覺。這時要解決這種陰暗空間，不妨可以將暗房釋放出來，變成開放空間的一部分。舉例說明，像是併入客廳裡，增加待客空間的大器，或是轉為開放式和室、書房，隔著一道矮牆或是半開放式的書櫃與另一個空間進行互動。

除此之外，也可以採用穿透性隔間，或是在室內牆上開窗破除陰暗空間，或是將空間區隔出一個彈性空間，招待親朋好友。

間效應；簡單地說，藉由玻璃隔間、玻璃拉門、玻璃窗等，讓陰暗的空間可以分享來自鄰區的光線，活化暗房空間的運用。

還有就是增加室內空間與對外的關係，將外面的光源大量引進室內的設計手法，像是將室外牆在不影響結構的情況下改為強化玻璃門或牆，設計出如玻璃屋效應，來重新定位暗房空間。

不過，當將空間轉暗為明，雖然地也失去空間的隱密性，相對提高該區與周圍空間的互動性，建議不妨加裝百葉簾、羅馬簾或紗簾等，當空間需要獨立隱私時，只要將窗簾闔起就可以了，甚至還可以透過這樣的軟性手法，將空間區隔出一個彈性空間，

## 方案 1 將實牆去除，暗房釋放為開放式空間

在室內多一堵牆，就會影響採光，因此將多餘牆面去除，沙發後房原為牆體，如今成為開放式空間搭配開放書櫃，後方則做半高的中島櫥櫃，讓全屋明亮且無陰暗角落。圖＿匡澤設計

## 方案 2 將戶外採光大量擷取至室內

利用玻璃屋效應，將外牆全改為大量強化玻璃氣密落地窗，把戶外的自然光源帶入室內，使室內空間即使白天不開燈也明亮。圖＿匡澤設計

before

after

暗房

暗廊

暗房

入口

入口

## 方案 3 儘量採用玻璃類隔屏或門，引光至室內

大量運用玻璃類的隔間讓光影能在室內流動，如強化玻璃屏風貼上霧面卡典西德，出入衛浴門採白膜玻璃設計等，即保採光及隱私。

左圖＿匡澤設計、右圖＿杰瑪設計

### plus+ 貼心版 善用玻璃隔間＋窗簾，採光及隱私兼顧

因為大量採用穿透性開放性空間設計及玻璃隔間，雖讓家裡每處都明亮，但相對大大減少隱私，這時不妨利用窗簾的特性，在必要時為空間保有視覺上隱私。

圖＿尤噠唯建築師事務所

# 我不管，就是要書房工作室！

解決方案 玻璃屋‧挑高上下舖‧長書桌‧床頭板＋工作桌

文——魏賓千、摩比　圖片提供——尤噠唯建築師事務所、德力設計、大湖森林設計、匡澤設計

或許是小時候大家總跟兄弟姐妹擠一間睡覺，因此當長大了，有機會規劃自己的房子時，屋主最常要求的空間，除了更衣室外，就是能放電腦及大量藏書的書房空間。更何況因應網路時代的變化，也產生許多因應「宅經濟」而在家工作的行業，像是專門接Case的SOHO族、程式設計師、3D動畫師等等搞創意。面對這樣的工作型態及生活需求，書房工作室也就應運而生。

但書房工作室是要密閉式或開放式的，得視居住者的使用習慣而定。有人工作時怕人打擾或吵，建議採密閉式；有的人不喜歡太過封閉的空間，希望能跟家人互動，便可以利用鏤空的櫃子、長型書桌區隔，定出小書房的範圍。設計師們表示這就是

所謂的「附屬於主空間的彈性空間」，或是「既獨立又能支援其他空間的獨立空間」，更是一種「主從關係」的空間演繹。

萬一真的在公共空間擠不出來時，可利用臥房臨窗的空間，結合矮隔牆、梳妝台跟書桌成為三合一的整合設計。但這類設計，若單人使用，困擾比較小；雙人使用，就必須為另一半考量：是否半夜開燈工作會影響其他人睡眠，要慎思。

無論書房是單獨一間，抑或是與其他空間結合，建材選用主張能舒緩神經、定心安性為主，像是可擦拭壁紙與秋香木皮、鐵刀木等；若是在臥室的電腦工作間，則選擇淡色系，有助於睡眠。

## 方案 1 玻璃隔間＋窗簾，獨立書房開放、私密兼具

讓書房就像是一間玻璃屋，以 180 公分長桌支援各種活動使用，桌子底下可作為收納主機，加上落地簾，又能兼具客房。玻璃隔間設計，關起門是密閉空間不受打擾，但必要時仍可與家人產生互動。圖＿尤噠唯建築師事務所

## 方案 2 利用挑高，上層床鋪、下層書桌

才 20 坪的小空間裡，若是平面配置連房間也不夠用，可善用 3 米 6 的挑高空間，透過垂直設計，將睡眠區設計在書房上層，讓空間運用更充裕。圖＿匡澤設計

## 方案 3 以大長桌區隔開放式書房

不做隔間，以長桌區隔客廳及書房，可一邊看電視，一邊操控電腦，甚至將網路影片或電影透過傳輸直接在電視螢幕上觀看，成為近幾年空間設計的主流，也十分適合家有孩子的屋主，在操作家務時，更可同時觀察孩子的上網情況。圖＿大湖森林設計

## 方案 4 主臥床頭，增設書房閱讀區

在主臥床頭板後空間設計成一道矮隔牆，同時作為梳妝台跟書桌，成為三合一的整合設計，120 ～ 150 公分矮牆設計具遮蔽效果又不會有壓迫感，更可區隔睡眠與上網兩個行為的干擾。這時書桌的深度要視空間動線而定，介在 40 ～ 60 公分，才不會影響80 公分的座椅及走道動線。圖＿德力設計

## plus+ 精簡版 架高和室＋邊桌當書桌

要放電腦的書桌最怕移動，因此利用架高木地板搭配邊桌的設計，讓這彈性空間可以是家人的電腦書房，支援家庭聚會的和室，遠方親友來家裡作客，留宿一晚也不怕沒地方睡。

圖＿尤噠唯建築師事務所

# 我很宅，生活完全離不開電腦！

**解決方案** 書桌 VS. 電腦桌配置・電源供應與開關・事務機整合

文——魏賓千、李寶怡　圖片提供——尤噠唯建築師事務所、杰瑪設計

這年頭不只是工作，連生活也與電腦及網路離不開關係。即便下了班，很多人回到家裡，仍是黏在電腦前不下線。筆電的優勢是可以隨處移動，因此在空間裡問題不大，把電腦使用者，對於電腦及3C產品要求插座位置設定好即可。但若是重度電高，多為桌上型設備較多，如何規劃成為重點。

書房便是最好的規劃地點，書桌設計便成為重點。在空間許可下，儘可能給自己一張大桌子，以方便工作。原則上書桌深度60～80公分為佳，放置電腦及鍵盤不會覺得擁擠。若不得已要將書桌深度低於50公分的話，則建議要在書桌下方設置鍵盤抽，以節省桌面的使用空間。

至於寬度可視空間而定，但以一個人而言，90公分以上的使用空間較舒適。書桌台面高度，以東方人約160

～175公分的身高來計算，80公分是建議的台面高度，但實際狀況必須看使用者所購得的電腦螢幕大小而定。一般是人體坐下來，眼睛高度可以落在螢幕的正中央至螢幕的上緣之間為最佳範圍。

另外，在配線如網路線、電話線、桌燈等電源供應與開關等也要留意，可將筆電、iPad、手機、相機充電器等的插座設計在書桌的插座溝槽，畫面才會美觀整齊。書桌下也要留插座，主要給電腦主機及螢幕使用。另外要記得規劃列印機、掃瞄器、除濕箱等位置，能與書櫃給合就是最好不過的設計了。

關於燈的設置，應以電腦螢幕的位置為主，因此建議還是另買能調整角度且有高頻電子安定器的桌燈比較實用，市售從1,000～3,000元不等。

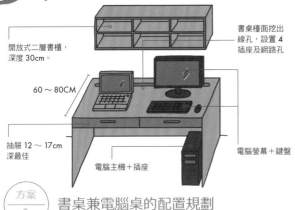

開放式二層書櫃，
深度 30cm。

書桌檯面挖出
線孔，設置 4
插座及網路孔

60～80CM

抽屜 12～17cm
深最佳

電腦主機＋插座

電腦螢幕＋鍵盤

## 方案 1　書桌兼電腦桌的配置規劃

　　原則上書桌深度 60～80 公分為佳，放置電腦及鍵盤不會覺得擁擠。若低於 50 公分，則鍵盤放在書桌台面下設置鍵盤抽。書桌長度視使用人數而定，若 2 人的話，180～240 公分為佳。另外抽屜高度不易太深，以 12～17 公分為佳，才不會撞到腿，同時放置帳單或個人資料也好找。圖__杰瑪設計

## 方案 2　線槽設計把電腦、3C 產品的電源供應與開關隱藏

　　書桌要夠用外，因應現在的 3C 產品實在太多，電線一堆，建議不妨在桌面設計一寬 12 公分的加蓋線槽，搭配插座方便未來筆電、iPad Dock、手機充電器、相機等在此充電使用。另書桌下方也要設計插座及網路孔，主要是給電腦主機使用。

圖__尤噠唯建築師事務所

## 方案 3　列印機、掃瞄器、防潮箱及書櫃一併思考

　　如果電腦桌夠大，可以將列印機、掃瞄器等都會在書桌上，防潮箱放在桌底下，方便使用。萬一不行，則可以考量與書櫃結合，收納在一起，空間才會看起來清爽寬敞舒適。圖__尤噠唯建築師事務所

## plus+ 升級版　加裝 Cat 6.e 資訊插座及線路

　　想要網路跑得更快，建議將網路線更換為 Cat 6.e 及 Cat 6.e 資訊插座。設置位置最好在桌面下的插座，讓整體線路非常簡潔。

圖__yalanda

# 在家當 SOHO 族，工作室怎麼規畫？

解決方案 一字個人型・洽談會客型・雙人 L 型

文———李寶怡　圖片提供———杰瑪設計、大湖森林設計、尤噠唯建築師事務所

在家工作，是很多人的夢想。一旦夢想成熟要來達成時，到底要怎麼在家裡好好規劃呢？所需的東西又有哪些？

在家工作的定義有二種：一種老闆要求員工在家工作。主要是因為老闆為了節省員工的通勤時間及辦公室的租金開銷，透過一些科技軟體，讓每個員工在家裡工作。這時，公司會給員工所有工作所需的運算和電信設備，像是筆記型電腦、視訊攝影機、鍵盤、耳機及網路服務。員工只需負擔基本辦公物品，像紙、墨水和碳粉匣、筆、便利貼，然後憑收據向公司報帳。

另一種則是在家接案子的 SOHO 族。這樣的個人工作室，近來越來越多，時間運用與工作內容的自主性較高。無論是前者或後者，為了擁有專注力與效率，工作空間必須得和家裡其他空間獨立開來，以區隔公、私生活，成為相當重要的事。

家中的工作空間大小，若以一個人工作室來估算，桌椅靠窗檯的設計，因此最小也要有 1.5 坪左右，才能容納相關工作資料，若需招待客戶，則建議最好超過 2 坪以上，以便容納沙發及茶几方便談事情。

在空間的色彩搭配上，白色及深褐色等中性色會比較容易讓人冷靜，可以協助在家工作者情緒穩定。若是工作空間收納需求較大，可採實牆隔間，若仍希望與家人有點互動，可採視覺穿透，卻又不被打擾的玻璃隔間。

## 方案 1　最小坪數的一個人工作室

將書桌及書櫃全部靠牆是最省的辦公空間,而桌子長度最好 150～200 公分最為恰當,深度以一個手臂長,約 60～90 公分,以便容納更多的事務工具,如筆、電話、電腦、便條紙、檯燈等。靠牆空間多半規劃成上窄下寬的書櫃,上層陳列與行業相關的書及文件資料,下層的台面則放置影印機或列表機、音響、無線 AP 等,下層門片櫃放置雜亂的物品。圖＿杰瑪設計

## 方案 3　個人及家人同時工作的 L 型辦公區域

若是必須顧慮家人的使用需求,則 L 型工作桌是不錯的選擇,彼此可以不受干擾。但必須 3.5 坪大小才夠用。而牆面可以設置相同風格的高書櫃或低櫃、雜誌櫃等,將收納量做到最大。圖＿大湖森林設計

## 方案 2　需會客的工作室規劃

若因工作需求,必須跟廠商或客戶約在家裡溝通,建議將書桌置於中間較佳,且並在桌前放一座椅,方便面對面討論。或放組沙發、茶几,在談嚴肅問題時比較好處理。電腦建議放在右手邊,方便操作,且桌面使用範圍也較大。不過,此空間需 2～3 坪左右。圖＿尤噠唯建築師事務所

### plus+ 圖解版　家中工作室配置圖

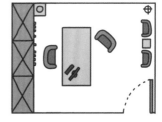

❶ 個人一字型

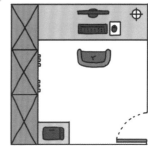

❷ 洽談會客型

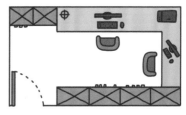

❸ 雙人 L 型

# 如何用最少的錢，讓我家牆面很有設計感？

解決方案

## 立體壁材·色彩燈光·壁貼＋大圖輸出

文──魏賓千　圖片提供──尤噠唯建築師事務所、杰瑪設計、壁貼網

每次翻開居家雜誌，看到別人家的家都美美的，是不是好想仿照一份帶回家呢？但一想到要大動土木，更動格局，就覺得傷透腦筋，更別說光買材料這件事，就讓荷包失了不少血。到底有沒有什麼辦法，能用最少的金錢跟時間，把我們家也變得美美的呢？

其實很簡單，就是動牆壁。

這裡的動牆壁，並不是要你打牆改隔間，而是保留原來的牆面，但透過一些簡單的建材及手法，把一面牆的氛圍做出來，讓你每次一回家就眼睛一亮，或讓朋友印象深刻的方法。

這裡設計師提供幾招讓大家學習：善用色彩、選擇有凹凸質感的壁面材、壁紙及燈光設計。

想要豐富牆的美感，油漆是最簡單，也是最普及的做法。但油漆刷上牆後，雖然有了彩度、柔順平整感，卻少了一種隨著光影變化的立體感，於是衍生出在漆料添加礦物質的特殊塗料，從早先的石頭漆到最近的珪藻土等，搭配手抹刀具做出千萬變化，創造精彩出奇的立體牆。

不喜歡一次裝修就把牆的設計定型，那麼可以嘗試所謂的牆面壁貼，或大圖輸出；簡單地說，就是一組放大版的造型貼紙，如植物花朵、動物或人像等的剪影，基本上每一組壁貼都是有主題的，可以施作於壁面、玻璃等底材，更換容易。另外，像現在流行梧桐木及文化石，更是立體牆面或櫃面的首選。

## 方案 1　文化石、風化木，立體紋路壁材

　　文化石及梧桐風化板是近年來最常見的立面素材，文化石磁磚 1 箱大約 0.3 坪，價格約 700～800 元左右，若施工 1 坪的牆面，只計材料花費約 2,800～3,200 元。至於梧桐風化實木木皮，以 1×8 尺（30×240 公分，約 0.22 坪），價格 500 元左右，再加上 4×8 尺的 4～5 公釐厚夾板，每片約 1,000 元，計算起來，一坪約 3,500 元（以上均不含工），其實不貴，又能為空間帶來濃濃的人文氣息外，更帶來粗獷平實的觸感。左圖＿杰瑪設計、右圖＿尤噠唯建築師事務所

## 方案 2　上漆用色彩改變居家氛圍

　　讓家改變表情的另一個平價方案，則是運用油漆。只要有色票，幾乎什麼顏色都可以調出來的油漆，若以 1 坪面積約用掉 1 公升乳膠漆來計算，大約 400～500 元上下，算是十分划算。

圖＿杰瑪設計

## 方案 3　壁紙＋大型輸出，為壁面增添活潑感

　　牆面變化還有大圖輸出、壁貼的做法。無縫壁貼是不錯的選擇，可讓整面牆展現出活發感及個性化。計價方式多以選定圖案的複雜度及用色、尺寸來計算，以訂作 180×170 公分的壁紙圖片來算，黑、灰兩色約 4,500 元上下。上圖＿壁貼網、下圖＿尤噠唯建築師事務所

## 用軌道燈光突顯牆面立體感及表情

　　除了在用材方面用心選，更有燈光加分效果，如在牆面四周用軌道燈投射燈光，在柔和光影的烘托下，強化牆面材質及圖案的輪廓，也點出牆面設計的個性。

圖＿尤噠唯建築師事務所

# 空間太小，很多需求只能犧牲嗎？

 解決方案 **櫃與桌的內嵌式設計‧隱藏式活動餐桌‧是單椅也是茶几**

文———摩比、李寶怡　圖片提供———德力設計、杰瑪設計、KⅡ廚具

人生中有許多取捨，在空間設計裡也是一樣。但有時透過一點巧思，並不一定要將需求全部刪除，只是改變一下呈現方式，或是設計技巧，一些生活上的創意技巧便由此而產生。

像是一般人最想要中島型廚房及T字形中島＋餐桌的豪氣，但是卻往往礙於空間限制，而把一些重要的功能需求拿除，於是餐桌就自然被犧牲，讓中島與吧台合而為一，又或是在主臥做滿了衣櫃，結果化妝台沒地方放，也只好忍痛刪除……等等。其實運用一點巧思，利用「變形金鋼」的設計模式，將機能與家具整合在一起，就可以滿足需求。

像設計師利用鋼琴的原理將化妝台整合在衣櫃裡，需要時才拉出來使用，平時就隱藏在衣櫃下方，即不影響臥室動線又兼具美觀。又或是將餐桌隱藏在中島吧台的下方，並在下方加裝輪子，當需要時才拉出來結合中島成為T字形的餐桌中島，不用時則收入中島內部。又或是一樣是餐桌與中島的結合，但平時使用的是四人份的餐桌，等有客人來時再將餐桌拉出變身10人座的大餐桌……等等。

另外，在活動家具部分，設計師表示木作的ㄇ形椅很好用，平時可以成為一張單椅，但有需要時再翻轉立起來，便是好用的茶几，一物多用，符合小坪數空間裡，對機能的多功能需求。

100

## 方案 1　層層疊疊的隱藏式衣櫃＋化妝台設計

為了增加臥室空間的機能，設計師以75公分為界線分為上下兩層，上層空間做為衣櫃，下層也可挪出作為書桌，甚至改裝成為梳妝台，使用完畢後推入不影響動線。另在桌子底下的空間量身打造一個可移動的抽屜櫃。圖＿德力設計

## 方案 2　中島下隱藏式活動餐桌

由於廚房及餐廳空間有限，平時僅以中島桌讓4個人在此用餐使用，一旦有客人來訪時，則將隱藏在中島下方的餐桌拉出來使用可容納更多人。餐桌下方並裝輪子，以方便操作使用，甚至還可以將餐桌另外獨立至其他空間使用，如變身麻將桌及供桌等。圖＿KⅡ廚具

## 方案 3　是單椅也是茶几的活動家具

小坪數空間最講究多功能，因此有許多設計必須考量是否能一物多用。以此案才12坪小空間裡，運用一ㄇ形木作椅，平時加個軟墊，則是空間裡可以移動的小板凳，有需要時則將其立起來，成為客廳沙發的輔助茶几，或是臥室裡的床頭邊几設計，堪稱一物多用的設計經典。圖＿杰瑪設計

chapter 3:

# 家族成員的煩惱

Q045-061

# 小孩子的立體勞作及獎狀如何保存及展示？

解決方案

## 展示平台・善用電視櫃・玄關入口

文———木子　圖片提供———馥閣設計、幸福生活研究院

早期空間設計塞滿許多玻璃櫃，家裡面各種物品通通放進去，沒有任何分類與規劃，孩子獲得的獎狀頂多直接貼在牆上，再不然就是堆在抽屜內，時間久了這些榮譽也逐漸被遺忘，對孩子的學習過程來說反而沒有任何幫助。與其將勞作、獎狀藏在櫃子、抽屜裡，不妨適度地提供開放性的展示舞台功能，也就是所謂的「共鳴角落」。

比如說孩子喜歡畫畫，就能多設置活動吊軌，直接以孩子的畫作裝飾佈置空間，爸媽適時地對孩子表達肯定，「做得真好」、「畫得很有意思」等等，對孩子成長有非常大的影響。

如果希望獎狀與空間風格更為協調，不想流於俗氣，建議就把獎狀當做畫作處理，挑選畫框作為陪襯，規

劃於家人經常走動的區域，專為孩子設立一個榮譽榜的牆面，設立一個榮譽榜的牆面，孩子感受到父母的重視與肯定，想必也會主動設定下一個更好的目標。

針對立體作品，不妨打破落地櫃與高牆的設計，創造多元的平台空間，以及獨特的櫃牆質感為背景，讓孩子的手工藝和空間風格協調而趣味的結合在一起。

當空間坪數不甚寬敞，家中的局部角落其實可以充分運用，例如：玄關入口的隔屏可結合玻璃、木作材質，木作線條的分割形成立體勞作的舞台。又好比是電視主牆以木作線條勾勒，不同高度的比例用來區分展示獎盃、勞作，規劃於公共廳區更能產生共鳴，激發孩子對自我的肯定與進步能力。

方案 1

平台鋪飾,
陳列區無所不在

喜愛手作雜貨的小女孩,擁有許多雜貨、玩偶創作,空間大量設計許多平台,包括沙發背牆的弧形牆也是專為展示玩偶所設計,因此特別選用白水泥鋪飾,自然質感與手作特性更為吻合。另外,餐廳窗邊也一併規劃餐櫃機能,櫃體平台成為母女手作最直接的展示平檯,陽台區域也全然刷白、貼上小尺寸馬賽克磁磚,更能呼應手作園藝雜貨、玩偶的特色。圖_馥閣設計

方案 2

結合電視櫃,
創造勞作展示區

電視牆面運用木作拉出不同高度的平台,最上端保留較高的比例,適合擺放獎盃、獎座類別,中間、最底部平檯則方便更換各式勞作品,如此一來完全不用擔心佔空間的問題。圖_馥閣設計

方案 3

玄關入口,
做出展示層架

希望擁有展示勞作、獎狀的區域不見得會浪費空間,隔間的利用也能創造出來,玄關入口與衛浴的隔間區隔出展示層架,剛好成為客廳的視覺焦點。圖_幸福生活研究院

# 我想邊做事邊看顧小朋友？

解決方案

## 開放廚房・折疊門・書房外移

文——木子　圖片提供——馥閣設計、將作設計、思為設計、幸福生活研究院

傳統住宅大多是封閉的獨立型態，孩子回家後直接走進房間，媽媽正在廚房裡忙著，也無暇看顧孩子的狀態，爸爸則是坐在客廳看電視，每個人各據一角，毫無任何互動、交流的機會。

想要解決這樣的問題其實很簡單，關鍵就在於格局動線的規劃，盡可能地採用開放手法，特別是過去隱藏在屋子角落的廚房，建議挪出與客、餐廳、書房作整合，可設置面向廳區的中島、雙邊型廚具，讓媽媽一邊煮飯也能隨時和身處在客廳、書房等角落的家人們互動。

另外一種老公寓常見的長型格局結構，也很容易造成家人的疏離，可將來自於主要採光的前半段規劃成以拉門或摺門作為隔間，設計為小孩房、書房，中段空間為開放公共廳區，平常門片打開呈一字型的連貫動

線、視野，爸媽很輕鬆地就能看見孩子的一舉一動。

至於電梯大廈普遍以一條長廊劃分臥室的格局，除了使家人之間缺乏交流之外，走道既無實質的用途，反而也顯得陰暗，取消長走道的存在，以客廳為中心創造出環繞式的生活動線，類似放射狀的概念，周遭依序安排著餐廳、廚房、多功能和室，孩子練舞、看書就在一旁，好處是屋子採光通風也隨之獲得改善。

雙層住宅則著重在上、下樓層的穿透視線交流，樓梯最好安排在餐廚、和回到家的孩子、另一半打招呼，可客廳可見的位置，媽媽即便做菜也能以互相觀察。此外，獨棟住宅最怕每個樓層如同獨立的個體，設置貫穿全棟的天井，兩側皆為大面玻璃隔間，每個樓層都能互相溝通、互動、拉近彼此的情感。

### 方案 1　開放式廚房設計看管小孩

原本封閉的廚房予以瓦解，運用二個一字型廚具的開放廚房設計，其中必須花費較長時間的切洗檯面、水槽刻意面對客餐廳與書房、陽台，媽媽做菜就能看顧孩子的狀態。而一般中島配置的水槽多半僅45公分左右，如屬於經常性做菜的家庭，建議搭配 70～80 公分左右的水槽尺寸，切洗食材會更加方便，甚至於，若廚房一旁就是小孩房，隔間不妨局部搭配玻璃材質，就算孩子在房內休憩，爸媽只要探個頭、轉個身也能掌握孩子的動靜。圖＿馥閣設計

### 方案 2　開放彈性空間減少隔間牆阻礙

長形的老公寓住宅，徹底減少隔間的劃分，開放、彈性折疊門讓家人能看見彼此，幼兒待在架高臥舖玩耍也非常安全。折疊門的設計，讓孩子即便到了學齡階段亦可享有適當的隱私。此外，將工作陽台都挪移至客廳後方，媽媽一個人洗、晾衣服，回頭就是客餐廳、書房，維持著彼此的互動連繫。圖＿思為設計

### 方案 3　以大餐桌及書房為動線中心

將公共空間做區隔，書房移出規劃於廳區，客廳的電視矮牆成為畫分區域的隔牆，另一側做為書桌使用。雙動線的走道結合牆面，成為隨處閱讀的角落，大餐桌是另一個孩子玩樂的地方，媽媽可隨時和孩子對話。圖＿將作設計

## plus+ 升級版　雙層住宅，Ｙ字型樓梯搭起溝通橋樑

Ｙ字樓梯的中心點就是兒童遊戲區，身為 SOHO 族的男屋主工作室就在一旁，能就近照料在遊戲區甚至是樓下玩耍的孩子，而在廚房做菜的媽媽只要一抬頭也能和二樓的孩子對話。

圖＿幸福生活研究院

# 怎麼讓小孩主動收拾房間？

解決方案

## 遊戲式收納・矮櫃設計・祕密基地

文───木子、摩比　圖片提供───馥閣設計、幸福生活研究院、直方設計、德力設計

父

母希望孩子房間能保持整齊，但往往不如預期的主動，想要小孩能擁有收納的好習慣，歸根究底就是空間設計能否真正符合孩子能自行整理。

第一個重點是必須依照孩童的年齡與身高進行通盤考量，掌握趣味性與方便性的原則，太高的收納櫃讓孩童不方便接觸到，容易造成使用挫折，降低使用意願。

另一種方式，就是讓收納空間本身也是一種玩具，讓孩子在不知不覺中完成整理的工作。

小朋友的衣櫃也能交給他們自己整理嗎？當然可以，學齡前的孩子多半可學會使用衣架，尚未學會摺衣服的動作，因此小孩房的衣櫃可採用階段性調整設計，根據孩子身高，預留下層空間安排吊桿，甚至可教導簡單的色彩分類概念，上層就暫時作為

父母幫忙收納棉被、枕頭，待孩子逐漸長大，透過吊桿、層架的重新組合，就能讓孩子循序漸進地學會衣物收納。

提供大小適中的收納箱給予物品分類也是很重要的，切記分類的項目不宜過多、過於複雜，可簡單以積木、車子、黏土工具組，這些孩子常有的玩具類型作分類，讓每一種玩具都有自己的家，慢慢地孩子就會主動在遊戲結束後將不同玩具送回各自的位置。

小孩房內的色彩、氛圍營造，同樣也隱藏孩子們對於自我空間的歸屬感，在小孩房的一個角落，適當地給予祕密基地的設定，符合高度的書櫃、好開啟的抽屜，甚至是能擺放孩子心愛物品的簡易平檯設計，配置上一盞擁有可愛造型的燈具，良好的環境自然使得孩子學會自動自發。

## 方案 1 低矮度櫃子方便小朋友收納

　　小孩房採用訂製家具，低矮的櫃子讓孩子能輕鬆地收拾，而且最好採取開放設計，孩子才能輕易的將書本、用品等等放進櫃子內。至於適合孩子使用的櫃子高度，可控制在32～38公分區間，五金手把的使用越少越好，抽屜的設計可以盡量降低，因為擔心孩童夾到手，故以開架式外加滾輪式拉抽最為適合。最底部的抽屜甚至可以拉出來推著走，透過簡單的分類，就成了最實用的玩具箱。圖＿幸福生活研究院

## 方案 2 把收東西變好玩

　　雖然好用適度的收納櫃是必要的條件，但主要是如何將收東西變好玩，進而變成一種習慣，像是將收拾玩具設計成遊戲或競賽一種，像是幫收納櫃上色，然後要小朋友依玩具顏色限時收納；或是讓孩子自己決定收納盒的顏色及裡面要放置的物品為何……從遊戲當中完成整理的動作，對孩子而言會更加有趣。圖＿馥閣設計

## 方案 3 善用畸零角落變身秘密基地

　　任何一個孩子都抵抗不了在空間裡有個專屬的「秘密基地」，利用結構柱造成的畸零角落規劃孩子的遊戲區域或秘密基地，可臥的窗台板設計成專屬的座位、以及低矮的收納櫃，當孩子對空間有認同感自然會自動自發收拾整齊。此外安全亦不可輕忽，諸如在門窗上安裝兒童安全鎖都是兒童房設計的基本配備。

圖＿德力設計

## 客廳也預留收納空間給孩子

孩子的遊戲空間不只在房間裡，客廳也有預收納孩子玩具的設計，矮櫃和大茶几的桌面可打開，玩具、童書，隨時想玩想收，都很方便。

圖＿直方設計

# 我要一個讓孩子在家消耗體力的地方？

解決方案

## 盪鞦韆‧環繞動線‧上下鋪設計

文───木子　圖片提供───馥閣設計、將作設計、邑舍設計、德力設計

少子化的時代，住宅設計不單單點綴，陽台就成了最方便的室內樂園。

要符合大人的生活型態，也越來越重視孩子在家的玩樂需求，並且遊戲的概念不再透過玩具形式，空間本身若能充滿變化趣味，孩子也能感受到居住的幸福。

在原有隔局不變動的狀況下，也有幾個能適當為孩子創造活動筋骨的方式，例如將客房同時彈性運用，變成舞蹈區，巧思在於門片的設計，一片片可以360度旋轉的門片，一面是鏡子、一面是白膜玻璃，櫃子的把手則變成拉筋工具，滿足孩子熱愛跳舞的喜好。

舉例來說，360度的環繞式生活動線，就像是縮小版的操場，滿足孩子最愛的奔跑遊戲，爸媽還能加入一起玩躲貓貓，有了充分肢體伸展的機會，孩子的肌肉發展更好。然而，可別以為消耗體力的設計要大坪數空間才能規劃，很多公寓或電梯華廈一入口的長陽台就是一個很好發揮的地方，只要稍微擴大陽台的寬度，至少約莫120公分左右的距離，鋪上舒適的南方松木地板，利用原本建築體結構掛上現成鞦韆架，擺放畫架、小花圃

又或者，面對甫進入小學階段以及學齡前的孩子，小孩房建議可減少硬體規劃，選用一張結合溜滑梯遊戲的上下鋪床架。如果遇上挑高空間，更能善加利用高度優勢，夾層閣樓單純作為睡眠區域，下層便能釋放出更寬敞的活動空間。

## 方案 1 盪鞦韆，讓家變身遊樂園

陽台刻意內縮擴大，懸掛上木質鞦韆、放上畫架，就是孩子塗鴉玩樂的最佳角落，又兼具玄關機能。若無陽台，在開放廳區的過道上，也可運用天花板既有的深度，透過電動馬達帶動繩索之下，規畫出可升降隱藏的盪鞦韆，平日不用時能完全收進天花板內。但切記懸掛鞦韆的結構性、穩固性都必須特別小心，同時必須考慮鞦韆擺動幅度的周邊也要淨空。左圖＿馥閣設計、右圖＿邑舍設計

## 方案 2 迴字型動線讓孩子跑跑跳跳

房間門片換上拉門，加上另闢第二條走道，塑造出可奔跑的迴字型動線，孩子們也樂得玩起躲貓貓。不過，建議走道寬度最好加大處理，最好超過 100 公分寬，以免撞傷，甚至走道轉角採用圓弧形收邊，提高奔跑玩樂的舒適性，同時也更加安全。
圖＿將作設計

## 方案 3 床舖在上遊戲區在下

利用空間的挑高條件，小孩房採用上下樓層或床舖概念，將上層做為床舖休憩區，下層所釋放的寬敞空間就能打造孩子最愛的舞蹈區，隨時都能跳舞、肢體伸展。圖＿德力設計

### plus+ 升級版

## 超過 3 米，可裝挑高溜滑梯及籃球架

利用超過 3 米的挑高樓層或將兩間房合併以擴大使用空間，就能放置具溜滑梯功能的床架、籃球架，甚至孩子還可以在房間內騎三輪車的最愛享樂城堡，但記得壁面要改為皮革繡飾，即便碰撞也無需擔心。
圖＿幸福生活研究院

# 讓孩子愛上讀書這件事？

解決方案

## 餐廳結合書房・閱讀廊道・書房就是圖書館

文——木子　圖片提供——馥閣設計、將作設計、邑舍設計

想　要讓孩子愛上閱讀，首先就從改變氣圍、扭轉讀書環境的位置設定。將孩子的閱讀、父母需要的書房共同整合在一起，共同使用一張大書桌，孩子寫功課、看書時，父母的主動參與，甚至是加入閱讀的行列，有助於增進孩子的學習動力，也能培養孩子產生自主學習的習慣。

舉例來說，將全室一間房或一個小角落打造為全家人共用的圖書館，並替孩子安排專屬高度的椅子、座位，和好自由拿取的書櫃高度，更能提高她們對於學習的喜好。如果希望擁有安靜的學習氛圍，建議可採取獨立型的隔間規劃，抑或是安排與公共廳區作半開放的結合，如此一來，孩子學習時也能感受到爸媽的陪伴，共用的書房牆面建議局部運用白膜玻璃或是軟木塞材質，變成父母和孩子之間的互動教學、留言、塗鴉用途。

對於更重視教育的父母，則不妨捨棄電視牆，用滿滿的書牆、閱讀平檯取代，爸爸專屬的書房也可以開放緊鄰廳區，就算是準備工作資料、上網都能隨時和孩子保持互動。

另一種作法是，讓家裡每個角落都能隨時坐下來閱讀，書櫃自客廳、走道一路延伸至小孩房、主臥室，將閱讀行為融入生活當中，孩子們自然而然便能愛上讀書，此外，樓梯間也是很好發揮的地方，孩子可隨性坐在踏階上看看書。

其次，若受限坪數無法安排書房，選擇一張大尺寸餐桌，餐廳、客廳連結的主牆規劃大面開放書櫃，孩子放學後直接待在餐桌寫功課，比起回家後要坐在書桌前讀書，反而更有意想不到的效果喔！

**方案 1**　餐廳結合書房，營造全家共讀空間

不想再多浪費一個空間規劃書房，也可以將餐廳與書房結合，配上寬大的桌面、開放書牆設計，爸媽就能和孩子一起共讀，父母主動是激發孩子學習的動力。

圖＿邑舍設計

**方案 2**　閱讀廊道，養成隨取隨讀的興趣

額外發展出來的長廊，其實是環繞整個居家的動線，也是貫穿小孩房、主臥室的閱讀廊道，倚窗面都是書櫃，隨手取閱的生活型態養成孩子主動學習的興趣。

圖＿將作設計

**方案 3**　我家書房是圖書館

若有多餘空間，可將一間房規劃為圖書館，有著舒服地毯的架高區域是孩子閱讀、遊戲使用，書櫃高度也特意下降處理，媽媽則是角落單椅的位置，爸爸就坐在吧台使用筆電，每個人都有自己的角落，進而圍聚出親密的閱讀氛圍。圖＿馥閣設計

**plus+ 升級版**　**書牆取代電視牆**

父母最擔心的就是孩子沈溺觀賞電視節目，那麼不如直接捨棄電視吧！用大面書牆取代電視牆的規劃，書牆前方的座位高度也是根據孩子身高量身打造，讓孩子更能輕鬆地、主動的閱讀與拿書。

圖＿馥閣設計

# 讓孩子主動坐上餐桌，規規矩矩吃飯！

解決方案

## 長板凳・下座式和室桌・降低餐桌椅高度

文———李寶怡　圖片提供———寬 空間設計美學、尤噠唯建築師事務所

當孩子大約1～4歲時，最喜歡跑來跑去，要叫他上桌吃飯簡直比跟老闆談加薪、跟客人追款一樣困難。即便買了張超貴的兒童高腳椅，小朋友就是不肯乖乖爬上來吃飯。

根據教養專家表示，在養成孩子吃飯規矩時，首先要調整父母親的心態，別期待小孩會像大人坐得好好的，從頭吃到尾，因此在開始之前，別太失望而大罵小孩，反而容易導致反效果。

另外，像是養成不讓孩子在用餐前吃零食、用餐環境附近不要放置玩具、嚴格控製好開飯時間、電視機不要開、吃飯時讓他坐在固定的位子，讓他清楚知道吃飯時要坐在餐椅，不能隨易走動等等，這些正確心態，父母都要堅持。而且這段時期的孩子喜歡透過觀察大人行為而學習，因此大人最好也坐下來，以同一個高度陪他

一起吃飯，而非另外準備一張兒童桌椅，反而容易讓孩子產生排斥感。

除此之外，不少設計師認為，可以透過環境的營造，讓孩子自己乖乖上桌吃飯。以目前市面上的餐椅是以大人的思考邏輯來設計，從餐椅至餐桌高度對學齡前孩子而言都太高，因此可以試著降低餐桌椅高度約10公分左右，方便孩子自己爬上爬下，減低餐桌椅對孩子的距離感，加強孩子對餐廳的親切感，甚至可以凝聚孩子對家的快樂印象。

設計有趣的餐椅來搭配也是不錯的選擇，像是德國設計師布夏為孩子設計一張可以翻轉的梯子座椅，提供孩子可以推到餐桌吃飯，平時也可以拿來玩。結合架高平台的和室餐桌及面寬長板凳，完全符合孩子心性設計，也容易坐得住。

**你可以這樣做**

**方案 1**
### 長板凳餐椅，爬上爬下有樂趣

餐桌椅沒人規定一定要配相同的餐椅，對空間而言也會過於呆板，因此選擇一張面寬 40～45 公分的長板凳，不但滿足孩子爬上爬下的樂趣及安全性，又可以選擇座位吃飯，相較之下也比較坐得住。圖＿寬 空間設計美學

**方案 2**
### 能往下坐的和室餐桌，增添吃飯親和力

將餐廳設計成和室，透過架高約 40～45 公分高的木地板，中間架設約 70 公分高的和室餐桌（從地板起算），並下挖可以放腳的地方（高約 66～67 公分，因下面 4 公分為底板骨料），對孩子而言，往下坐總比往上坐來得有趣多了。圖＿尤噠唯建築師事務所

**方案 3**
### 降低餐桌椅的高度，方便孩子上桌吃飯

主張孩子的成長只有一次，因此為孩子調整降低約 10 公分的餐桌椅高度，讓孩子有足夠的能力爬上餐桌，跟大家一起吃飯的樂趣是用錢也買不到的。

圖＿寬 空間設計美學

# 不再為搶同一間廁所吵架？

解決方案

雙動線進出·洗手台外移·增設半坪廁所

文———摩比、李寶怡　圖片提供———德力設計、杰瑪設計、金時代衛浴

（根）據日本雜誌調查，居家有沒有足夠的廁所數，是家裡幸不幸福的構成要素之一。一般而言，若家裡有二個人，一間廁所便足夠了，但若家裡人口超過三口以上，則就必須配備二間廁所以上，在使用上才不易產生爭執。

若居住在都會地區，地狹人稠的情況下，硬是要再擠出一間廁所並不簡單，因此，有廠商便衍生出將洗手槽與馬桶結合的複合式產品，不但省去洗手台的空間，將上次洗手的水當下次沖馬桶的水使用，相當環保。

一般馬桶的尺寸約72（長）×45（寬）×80（高）公分，由排水管距至牆面位置最少要留30～40公分（標準尺寸），至於馬桶兩側，從馬桶排水的中心點計算，大約左右兩側應38～45公分，以方便拿取側邊的衛生

紙，同時也利於清理。至於馬桶前端至門，要留超過60公分，方便使用者迴身及開門。

萬一真的沒辦法只能有一間廁所提供使用，設計師建議，雖然規劃在同一區，但若可以最好將洗澡區、馬桶如廁區及洗手台切割開來，將入口設置洗手台，然後做拉門進出左右兩側的洗澡區及馬桶，使用上較為便利，至少不會發生一人洗澡全家內急的問題；萬一受限於空間規劃無法做到三者割切，那麼儘量將洗手槽移至廁所的外側，也能讓早上盥洗與如廁的家人，可以分組進行。

另外，還可以規劃從不同空間進入的廁所動線，將衛浴串連相臨的兩個空間，彼此可以共同使用，當然限於自家人的動線為佳。

## 方案 1　衛浴雙動線進出

將衛浴串連相臨的兩個空間，如玄關與長親房，方便年紀大的使用者一回來即可馬上如廁，接著進入臥室更衣，不必經過客廳動線再繞一大圈。同時雙動線，若老人家在廁所發生問題時，也有另一動線可進來協助。另外，若規劃提供外來者一起使用，同時最好兩邊都有安裝顯示告知的燈光或系統，以免發生莽撞尷尬，並建議廁所的隔音要做好，以免干擾居住者的生活空間。圖＿德力設計

## 方案 2　洗手台規畫在衛浴外側下

其實在生活中兩個人同時急得想要上廁所的機會較少發生，大多是一個可能在使用衛浴間洗臉或刷牙、洗衣物時，另一個人突然想上廁所。因此建議不妨將洗手台設置在外面，將不同使用機能的動線分開，減少搶廁所的情況發生。

圖＿杰瑪設計

## 方案 3　多增半坪廁所，結合附洗手裝的省水馬桶設計

也就是將洗手槽與馬桶後方的儲水箱結合，當使用者在洗手時，水也可以當下次沖馬桶的水，算是十分節水環保的產品，而且佔的坪數也不大，大約半坪即可。附洗手裝置的省水馬桶市價約 6,500 ～ 8,000 元，不含施工。

圖＿金時代衛浴

### plus+ 升級版

## 奈米麂皮絨浴簾，防水波兼阻音

雙入口的衛浴在規畫上，從長輩房進出的一側是寬度 90 公分的淋浴間，因擔心水滴噴灑，除了隔音門外，還特別選用了麂皮絨當浴簾，表面採奈米技術處理，水滴不會直接吸附，藉此阻擋水滴溢灑。

圖＿德力設計

# 有哪些增進婆媳和諧相處的設計？

解決方案

## 雙家庭雙動線・內外廚房・大中島

文———李佳芳　圖片提供———匡澤設計、六相設計

兩代或三代同堂家庭的最大困擾，就是如何讓年輕世代與長輩差異化的生活習慣（尤其婆媳之間）取得平衡。俗語說「一個廚房裡容不下兩個女人」，尤其兩代之間的烹調習慣不同、口味不同，廚房的設計若沒有仔細推敲，很可能就會成為引發婆媳磨擦的戰場。

傳統上，即使媳婦入門，婆婆通常還是家中的女主人，免不了扮演生活指導者的角色。若是兩代同住一戶，可以採取房間在兩側、公共區域在中央的配置法，讓兩個家庭之間保持適當距離，避免互相打擾，也能保有隱私。由於廚房為共用空間，在此配置法內通常會將廚房放在靠近主要使用者的位置（通常是婆婆）。

如果兩代經常有同時下廚的需求，必須給予廚房較大空間，不妨配置內外廚房設計，內廚房通常是給婆婆用的熱炒區，外廚房走輕食料理給媳婦管理。掌管爐火的一方可以專心工作，另一人則可以從旁協助備料工作，若要內外廚房互動性更強，可以再加設自動開關的電動玻璃門。

如果是透天的房子，建議長輩居住的樓層可另外加設第二套廚具（或者附電陶爐的吧檯），方便泡茶或簡單料理，減少移動距離，使用上較方便；而撫養小孩的第二代家庭因為孩子需要活動空間，則可設計較大的餐廚空間，但要注意儘量不要將小孩活動空間設計在父母房隔壁或上方，影響老人家作息。

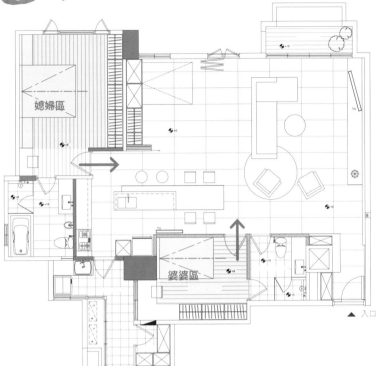

媳婦區

婆婆區

▲ 入口

## 方案 1

### 房間設置兩側，
### 創造雙家庭、雙動線

　　若是兩代同住在大樓一層，也可以採取房間在兩側、公共區域在中央的配置法，可讓兩個家庭之間保持適當距離，避免互相打擾，也能保有隱私。圖_六相設計

## 方案 2

### 內外廚房設計，
### 大火輕食各有天下

　　內外廚房都兼具了煮食與洗滌功能；不同的是，內廚房通常是給婆婆用的熱炒區，外廚房則是結合電器櫃，為習慣歐式料理的媳婦設計，通常會設置蔬果洗滌槽、電陶爐、烤箱、微波爐等。內外廚房的最大好處是，兩人的工作可以確實分區，避免打擾到彼此，又能互補機能。 圖_六相設計

## 方案 3

### 用中島增加工作檯面

　　無論是二代同堂或三代同堂，不妨加大廚房的面積及佔比，在廚房加中島配置，讓婆婆與媳婦因為中島的設置而有緩衝的空間，也大大減少爭執的產生。圖_匡澤設計

# 怎麼讓老爸老媽住得愉快舒適，且面面俱到？

解決方案

## 滑軌拉門・動線寬度・衛浴扶手・夜燈

文———摩比、李寶怡　圖片提供———德力設計、大湖森林設計、寬 空間設計美學

這年頭三代同堂的家庭，其實不算少，在這樣的人口規劃下，除了讓自己住得舒適、小朋友也能讓長者也住得很愉快又安心？其居住空間要考量的問題就更多了。

首先是住宅空間有無思考銀髮族的需求，像是有無專屬的休憩空間、老人家在家裡行動方不方便，還有如飲水、用餐、做家事及如廁、用藥等順不順手等等，都必須考量進去。

尤其是行動方面，有老人家的居住空間，建議最好運用無接縫設計，處理機能空間的區隔，並且利用滑門與單開的摺疊門設計作為門片設計，如此的處理方式讓出入空間不受90公分的門框所限，且也方便未來10年內萬一老人家必須依賴輪椅時，也不用再做太大的更動。

一般而言，低障礙的空間設計，

走道應保留90～140公分為宜，如出現高低差的情形，室內坡度越緩越好。至於地坪建材的選用上，可選擇硬度高的石英磚，有利輪子移動，盡量不使用木地板以免日久產生刮痕不利美觀，抑或是選用超耐磨地板亦不失為兼顧空間美學的選項。

另外，在門片的設計上，可參酌單開設計的滑門或是折疊門、彈簧門，進出會更方便，捨棄雙開的門片設計主要是讓使用輪椅的族群更方便出入空間，甚至可將門片嵌入牆內讓空間更俐落。考量老人家半夜起來如廁的問題，若是空間足夠，在長親房裡規劃一間專屬的衛浴是必要的，而且站在安全考量上，在浴缸及馬桶設置設置扶手、整個房間及浴室設置地暖設備、在下床至衛浴的動線上要規劃夜燈設計、房間內要有飲水及用藥設置等等都要思考清楚。

方案 **1** 滑門、單開折疊門 門片設計

滑門或折疊門不受 **90** 公分門框限制，且施力簡單，適合老人家使用。
圖＿德力設計

方案 **2** 動線寬度 **90 ～ 140** 公分

要思考老人家未來可能依靠輪椅行動的問題，因此在動線規劃上最好超過 **90 ～ 140** 公分，便於進出，地板最好用石英磚或超耐磨地板。圖＿德力設計

方案 **3**  衛浴要有扶手設計

長親房裡規劃一間專屬的衛浴是必要的，而且站在安全考量上，在浴缸及馬桶設置設置扶手，建議要有暖風機或地暖設備，為老人家保暖，並隨時保持浴室乾燥及通風。圖＿大湖森林設計

方案 **4**  明亮通風的專屬長親房

因身體機能老化，使得老人家很容易落入悲觀的想法，若房間是密閉又不通風，容易產生很多不舒服的氣味導致身心理也會不健康。因此明亮且通風的長親房，讓老人家每天迎著陽光起床運動，心情開朗，身體也會健康。圖＿大湖森林設計

方案 **5**  安全的夜燈設計

為安全起見，在下床至衛浴之間最好有個感應式夜燈設計，或是在出入口低矮觸設置夜燈，以免老人家因視線不明而容易產生撞跌情況。圖＿寬 空間美學設計

# 一回家就有溫暖的感覺，而非暗夜的寂寞？

解決方案
## LED 柔光條·定時器 VS. 晝光感知器·定時烹調家電

文——摩比、李寶怡　圖片提供——德力設計、尤噠唯建築師事務所、AmyLee

什麼是幸福？就是在外工作了一整天，回到家拿起鑰匙開門的那一剎那，有溫暖的燈光、熱熱的飯菜，以及笑臉迎人的家人迎接你，把一天的不愉快都拋到腦後。但現實是，回家面對一室的昏暗及冷清，於是疲憊的人更加低落……。

其實想要回家迎接一室的幸福感，是可以透過環境營造的。首先是營造一進門的溫馨感，這時可以在玄關利用感應器燈具。玄關是每個人回家的第一眼，而玄關的燈光設計更是決定了家的氛圍。光不僅是照明與氛圍的塑造者，有修飾空間線條的作用，更是生活動線的引導者，特別是家中成員有老人或小孩時格外重要。

最簡單的方式，就是到坊間五金行購買室內用的紅外線LED感應式燈具，約350～800元，安裝在玄關處，當有人出入時會在20～30秒中亮起與

滅去，讓你脫鞋找開關。如果不喜歡這類計時型的，也可改採節能LED柔光條所做成的微光裝置，安裝在鞋櫃上下當間接照明，讓回家變成一個溫柔的擁抱。

除此之外，還可以在客廳沙發旁設有輔助照明的特色吊燈或立燈，搭配定時器，將時間設定在你固定回家的前5分鐘亮起，不但可作為修飾空間氛圍的照明設計，更為空間帶來人味。也可以在客廳臨窗的燈具加裝晝光感知器（俗稱「點滅器」），主要是針對室外晝光感測，當太陽下山時或變天時，房子內感應不到陽光時，室內的燈會自然亮起。

至於熱熱的飯菜，建議不妨選擇有定時裝置的電鍋或烤箱，在出門前先將飯菜準備好，即便一個人，回家也可以吃到熱騰騰的飯菜了。

### 方案 1 LED 柔光條裝置 + 定時器，一進玄關就自動感應

在玄關的鞋櫃上下安裝節能的 LED 微光裝置當間接照明，結合定時器，讓你一回家開門即可看見若隱若現的微光設計，柔和不刺眼讓回家變成一個溫柔的擁抱。機式定時器 100 元左右，電子式定時器 500 元上下，LED 柔光條價格視產地及品牌而定，1 公尺 400 ～ 800 元。圖＿德力設計

### 方案 2 燈光搭配晝光感知器，夜晚客廳也溫馨

如果還想更亮點，除了玄關建議在客廳不妨也留盞立燈，結合定時器，以局部照明的方式點亮客廳的角落，也容易帶來溫暖的感受。另外在日本為省電，會在臨窗處的燈光加裝一個名為「晝光感知器」（俗稱「自動點滅器」），因應室外光線明暗度變化，自動控制周圍燈光照明之開關，可確保當太陽下山時，家裡燈光會自動亮起。感知器價格約 500 元／顆。圖＿德力設計

### 方案 3 挑選定時設計的家電，回家就有熱飯吃

想要回家就有熱飯吃，在家電設備最好選擇有定時設備的，在出門前先將飯菜處理好，透過定時設定悶煮，即便一個人，回家也能享用熱熱騰騰的飯菜。圖＿尤噠唯建築師事務所

### plus+ 貼心版　怎麼把大同電鍋變身定時電子鍋！

大同電鍋好用，但無法定時設定煮飯時間，每次下班回來才煮，還要花費 1 個小時才能吃飯，運用電子式定時器就可將大同電鍋升級成電子鍋了。操作也很簡單，將定時器設定在下午 4 點半啟動，插入插座，再把大同電鍋插頭插入定時器，把米洗好放入，若有其他的蒸式料理也一併放入，回來就可以開動了。圖＿ AmyLee

# 有讓家族遺照美美的方式嗎？

解決方案

## 家族相簿牆·客廳沙發背牆·結合櫥櫃設計

文———摩比、李寶怡　圖片提供———德力設計、杰瑪設計、尤噠唯建築師事務所

人是群居的情感動物，個體與家族間除了基因的連結，有更多是來自共同記憶的傳承。過去的廳堂中兩側都會置放祖先的照片，讓後代子嗣共同緬懷前人篳路藍縷的開墾歲月，這已是生命信仰的一部分。

但根據風水的說法，在廳堂或是客廳高掛黑白祖先照片或家族遺照，其實會讓居住者心理不舒服，特別是小孩子，且做任何事情都感到壓力，因此風水師跟室內設計師都不建議。

更何況「逝者如斯，來者可待」，最重要的空間規劃應以現在居住者的生活為主，因此建議應以現在國外的處理方式，挑選已逝者的居家生活照片，與現在的家族照片混雜在一起，製作成一面家族相簿牆，搭配燈光設計，不但具有紀念價值，更達到視覺美化效果。又或者與家人外出旅遊的照片一起放在家中特定的櫥櫃

平台上，搭配桌燈，更能聚集家庭的向心力。

呈現的方式有很多種，可以擷取家族相本中的局部素材，精心揀選的尺寸不一的小畫框，利用垂直水平的排列方式，由許多單一的畫作創造一幅大型壁畫，彷彿每一位家族成員所共同勾勒出專屬於家族記憶的族譜一般。也可以將祖先照縮小拼貼在一起，變成一幅長型的小幅掛畫或桌畫，混雜在家族相簿牆內，或是客廳的層板上。

為了不要讓家族相簿牆的畫面太呆板，也可輔以一些雲型或新古典圖騰所製作的塑料線板作為局部裝飾，藉此豐富整體的畫面。又或者也可以結合櫥櫃，以真假畫框交錯做成相薄櫃。又或者可以選擇一面主題牆，選出主題色，然後選用清一色相框進行家族記憶影像創作。

## 方案 1 家族相簿牆，成為玄關端景

家族相簿牆建議不要太大，最好選擇空間的某一端景來處理，如客廳背牆、玄關或走道的端景牆、臥室走道端景或餐廳主牆等。且相框選擇中小型的，才不會感覺太過沈重。而相簿掛置的最佳位置，與視線平行最佳。為了不要讓家族相簿牆的畫面太呆板，也可輔以一些雲型或新古典圖騰所製作的塑料線板作為局部裝飾，藉此豐富整體的畫面。右圖＿尤噠唯建築師事務所、左圖＿德力設計

## 方案 2 客廳沙發背牆，運用牆面直貼或做層板展示

在文化石的客廳背牆上，若能取局部做成家庭相簿牆，會將人文風格更為突顯。而放置最好的位置則取沙發背椅上方約 12 ～ 23 公分最佳。
圖＿杰瑪設計

12 ～ 23 公分

## 方案 3 櫥櫃設計，結合家庭相簿畫框

若是空間過小，不妨可以利用複合式書櫃或餐櫥邊櫃結合，運用畫框與櫃子展示開口相互交錯，在框體立面形成真真假假的有趣畫面。圖＿杰瑪設計

**plus+ 平價版**

## 不釘牆就用「貼」的，畫框好幫手－魔術黏土

在牆上貼照片或畫框，最怕用釘子打牆，而一般的黏貼式掛勾掛畫會呈現斜度，不好看。不妨至文具行買魔術黏土來使用，黏貼中小型畫框的四角，就不怕掉下來了。圖＿ AmyLee

# 小朋友愛在牆上到處畫畫，怎麼辦？

解決方案　黑板漆＋磁性漆・鐵板＋黑板漆・
玻璃拉門・白板漆

文——木子　圖片提供——馥閣設計、思為設計、大湖森林設計、台亨貿易

多數孩子都喜歡畫畫，而且比起畫在紙上，他們更喜歡在牆壁上塗鴉，若怕小朋友亂畫在白牆上，最便宜的方法就是選用坊間強調可用濕抹布擦拭畫筆的抗污性水性漆。另外，在畫筆的部分，也可以選擇可食性蜂蜜蠟筆給小朋友使用，不但安全，清潔也容易。不過，這種方法用久了或次數太多，仍會留下痕跡，因此每隔1～2年仍需要漆一次。

目前最流行的方法，就是選擇家人們活動頻率最高的公共廳區，或兒童房的一面牆，安排以磁性漆為底再上黑板漆的牆面等等，讓孩子們可以任意發揮、塗鴉，也有兼具佈告欄、教學的效果，爸媽也能和孩子們比賽猜猜塗鴉的遊戲，提高彼此聊天溝通的頻率。溝通牆面的材質在選擇上，

是否方便移動、保養是另一個考量的重點，磁性漆的好處是完全不會造成油漆顏色的變質，更好整理，而且根據廠商表示，磁性漆塗愈厚磁性愈強。

另一種作法是，區隔公共空間的拉門，選用鐵板材質，再刷飾2～3道黑板漆，拉門既是隔間，也具有吸鐵牆、畫畫的功能。如果怕黑板漆不好處理，也可找坊間專門製作校園黑板的廠商一體成形的方式，省去現場施工時的空污問題，也更簡便。

除此之外，運用折疊門的方式規劃書房或小孩房，採烤漆玻璃材質門片，也能達到塗鴉、留言的功能，也滿足學齡前孩子熱愛畫畫的行為，除此之外，烤漆玻璃門片亦有足夠的隱私性、引光效用。

## 方案 1 鐵板+黑板漆，不易卡粉筆灰

若是預算足夠，最好是直接選用鐵板材質打造，最後刷飾黑板漆，可少省去磁性漆及補土的工及材料費。另外，黑板漆最好用噴的，不易卡粉筆灰，使用壽命也比較久。 圖__大湖森林設計

## 方案 2 磁性漆+黑板漆，吸附磁鐵還能塗鴉

誰說黑板漆一定是黑色或綠色的，在廠商開發下，已有灰色、粉紅色和萊姆綠等多種顏色可選擇，適用於大部分的牆面和木材表面。但若施工在木作牆面，最好要先補土，再上 3 層磁性漆，等乾後再上黑板漆，其磁性及黑板的平整度會比較好。 圖__馥閣設計

## 方案 3 烤漆玻璃做折疊隔間門片，畫畫兼留言

也可以找一些彈性空間的隔間門，如可開放使用的書房、兼具小孩房及書房的臥室，折門隔間特別選用烤漆玻璃，既可以畫畫又能當做留言板。 圖__思為設計

---

## plus+ 升級版 白板漆便宜又好用

相較於光只有黑板漆 0.5 公升約 500 ～ 1,100 元，及磁性漆每平方公尺約 1,000 ～ 1,500 元，淺色牆施作 2 次，深色牆施作 3 次且每平方公尺僅 350 元的白板漆，相較便宜又好用，而且施工也簡單，僅用平滑的高密度泡棉滾筒施作即可，漆完後乾燥養護 7 天以上。白板筆就可以在表面使用，之後再用板擦或無絨的乾布即可擦拭乾淨。

圖__台亨貿易

# 孩子會長大，怎麼選購床跟桌椅，延長使用機能？

解決方案

## 架高地板床・預做桌櫃・成長型家具

文──木子　圖片提供──馥閣設計、小玩童 FLEXA、Artso 亞梭傢俬國際有限公司

一

般來說，兒童房的空間普遍不是很大，約莫只有 2～3 坪能夠使用，如果希望能有效運用空間，以及延長孩子能使用的床和桌椅，選購往上發展的兒童家具是一個不錯的選擇。

目前有不少以製造兒童家具為主的廠商，一張床可以有多種的變化組合，可從兒童時期使用到成年，當孩子正值學齡前階段時，喜歡遊戲玩樂，床組上可以增加溜滑梯、活動罩、直立式樓梯……等配件。進入學齡階段後，床可以調整高度，架高後床底下變成擺放書桌、收納櫃，兼具書房的功能。

假如房子坪數不夠，然而家中卻有二個孩子，兒童房家具便能選擇可交叉組合成 L 型的上下床舖，年幼時期可相互陪伴，未來換更大坪數的空間也能拆開繼續使用，相對省下更換

床架的費用。

另外，兒童成長型桌椅也是一個不錯的選擇，能隨著身高調整的桌面、椅子高度，桌板還具傾斜角度設計，不必擔心要時常更換書桌椅，若是幼兒階段（5 歲以下）的孩子，桌椅最好是以兒童版的小巧尺寸為佳，顏色上以鮮艷色彩為主，方能激發孩子對視覺、顏色的敏銳度。

兒童房的規畫，若不想以一般床架家具的搭配方式，可採用架高地板搭配床墊，就沒有需要更換床架的狀況發生，而在尚未有孩子的加入時，也能暫時充當長輩留宿用客房，日後再轉換回兒童房使用。要注意的是，為孩子選購的兒童家具，考量實用性與使用時間的問題，建議避免造型過於卡通化，材質上應以實木為主，更為耐用堅固，同時也最好為低甲醛及避免使用有毒漆料。

128

**方案 1** 架高木地板放床墊，
可視兒童身高成長換墊

兒童房利用架高地板搭配床墊的方式規劃，未來就沒有更換床架的需求，想睡得更舒服也只要再增加床墊即可，架高部分亦可增加收納機能。
圖__馥閣設計

 **方案 2** 預做書桌、衣櫃，
僅調整床架長度

即便尚未有孩子，在裝潢時建議先將書桌、衣櫃機能預先規劃完成，至於床架，則規劃較具彈性，但仍需留超過 200 公分長度，以方便未來只需要更換床架尺寸就可以由兒童房變青少年房或一間成人臥室。圖__馥閣設計

 **方案 3** 選擇可以升降的桌椅家具

可選擇可升降學習桌，從幼稚園用到國小高年級，桌面可調整傾斜，環保桌板具有防撞、防夾設計。包覆式調整腳墊，輕鬆微調桌高與地面貼平。搭配可調整椅背、椅座高度，座墊可前後調整學習椅，提供連續且舒適的背部支撐，加上還有重力解除式止滑 PU 輪，保護地板及安全。圖__ Artso 亞梭傢俬國際有限公司

**plus+ 升級版** **善用結合書桌的上下床舖設計**

當小孩長大為青少年，開始成為獨立的個體需要獨立的空間，也更需要花費較多時間在課業上，架高的床下可擺放書桌，也可規劃衣櫃、沙發椅節省空間，甚至可另外再加一張床。

圖__小玩童 FLEXA（碩智）

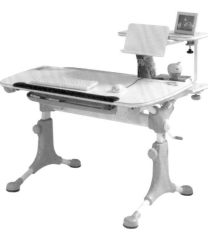

# 讓夫妻感情愈變愈好的空間設計

**解決方案** 工作區＋家事區．中島＋餐桌．架高和室．多元化照明

文——李寶怡　圖片提供——尤噠唯建築師事務所

夫 妻相處有很多眉角必須注意，除了彼此生活上的包容外，尊重彼此的個性是必要的。除此之外，在空間裡也有很多地方若能提前思考到，可以大大減少夫妻間起口角的可能性。

以設計師的經驗，就是在家裡營造可以彼此平視溝通的空間。這個空間可以是彼此平視溝通的任何角落，最重要的是要看男女主人雙方的溝通習慣。舉例來說，兩個人有習慣小酌或喝咖啡，設計重點就會集中在可以兩人面對面討論及溝通的餐桌及中島，甚至吧台。

另外，讓身體姿態放鬆的空間，也是最佳的夫妻溝通場地，例如架高約30～35公分的休憩坐臥平台或和室空間，無論是盤腿或把腳垂直放下最為舒適。另外，擁有雙人床的主臥空間更是夫妻溝通的不二法則，因為「床頭吵、床尾和」是有其道理，畢竟透過彼此肢體的親密接觸，會讓溝通更為順暢。

不過在規劃夫妻溝通的空間時，有點必須提醒的是，無論選擇哪一種溝通空間，在燈光上的搭配也要注意。過高的照明設計，照明範圍雖廣，但會令人無法放鬆心情，要營造舒適的溝通氣氛，建議仍以低照明為主，例如餐桌桌面至吊燈距離以70公分為佳，主臥、書房或和室，不要只採用單一光源，而則採用多元化的照光設計有助於營造舒適氣氛，如在和室多盞可活動的桌燈、主臥床頭櫃的壁燈等等，都會讓夫妻放下彼此的猜忌及心防，敞開心胸暢談彼此的看法及關係。

### 方案 1
## 工作區＋家事區，
## 同一空間相互關心

對於常需要將工作帶回來的伴侶，從餐廚空間裡規畫一個獨立性較高，且又可以與另一半互動的位置，讓家事與公事在同一空間進行，即使不説話，也能彼此擁有陪伴感。

### 方案 2
## 中島＋餐桌的開放廚房，
## 家事溝通一起來

若是夫妻間因為家事繁重而找不到時間或空間可以好好溝通，結合餐桌及中島設計的開放式廚房，可以讓人邊忙做家務，一邊傾聽另一方的溝通，必要時還可以從廚房提供飲料或食物，以減緩溝通時的一些不良氣氛產生，讓彼此休息一下再繼續。

### 方案 3
## 架高和室木地板，
## 身體放鬆坐姿溝通好輕鬆

有時正襟危坐並非良好的溝通方式，這時不妨在家裡營造一處可以隨意坐臥的空間，像是升高 30 公分的開放式和室空間，是不錯的方法。寬敞的木地板空間容易讓人隨意坐臥而產生放鬆的心情，夫妻間在溝通聊天時，也比較容易達成共識。

### 方案 4
## 多元化照明，凝聚與
## 放鬆讓居家有好心情

透過燈光的規畫，對於居家情緒的協助也非常大，凝聚感的照明，可以營造夫婦的凝聚力，而多元的燈光照明，則可以轉變家的表情，讓居家生活不會一成不變。例如主臥床頭燈取代主燈的設計即是。

# 老天爺！請賜給我一處可喘息的私密空間？

解決方案

## 尋找情緒緩衝區，給彼此半小時的獨處空間

文——魏賓千、李寶怡　圖片提供——尤噠唯建築師事務所、杰瑪設計

**壓**力無所不在，連在家也能感受壓力。尤其是男女朋友或已是夫妻，在相處過程中總難免會遇到心情不好的時候，這時建議在家裡要找個情緒緩衝區，讓自己獨處一下，先理清自己的情緒跟思緒，才不會隨意把脾氣發在家人或親密愛人的身上。

如果，萬一不小心剛好遇到空間裡，男女主人的心情都不好，與其爭鋒相對、爭吵不休，倒不如先讓兩個各自冷靜下來，才能有後面的好好溝通，如此一來感情才能愈走愈久。

若家裡的空間足夠，讓男、女主人各自擁有一個獨立空間，是最好不過的空間規劃。但天不從人願，如何從幾近飽荷的居家空間裡，再找出兩個互不相干的區塊？可就考驗設計師及居住者的創意了。尤其是現代住宅都採開放式空間設計，根本無從躲藏，怎麼幫自己找一處能窩著又不被發現或干擾的地方呢？

簡單的思考方式，是從建築型式來著手。

以非單一樓層為例，如透天厝或頂樓加蓋的建築型態，或許可以在不同的樓層，規劃男、女主人各自專屬的書房或工作坊。

如果是單一平面樓層，事實上在規劃空間平面配置時，會很明顯地依男女主人的使用特性，而劃分出各自專屬的動線及空間，如男生書房、女生主臥等。另外，設計師也表示，若是家裡是三代同堂或是有小孩的住宅空間，就更難找到這種心靈修複空間，建議擁有泡澡設備的衛浴空間，是不錯的選擇。

當然，當確認這個抒壓或放空的空間時，也別忘了對自己好一點，泡個茶、咖啡，或點個精油，甚至玩個電動小遊戲之類，半個小時後絕對讓你有如換個人一般精神百倍！

## 選擇能密閉空間做為獨處空間為佳

所謂獨處當然要不受打擾，主臥或可密閉的書房是不錯的選擇。以主臥來說，女生選擇更衣室，關起門就可以獨處，至於男生可選擇架高窗檯當心靈角落。

圖__尤噠唯建築師事務所

## 女主人可善用廚房流理台及後陽台喘息

由於女主人在家的動線多半集中在餐廳、廚房及後陽台、主臥、更衣室等，因此可以多利用這些空間角落，為自己營造一個舒適的休息空間；如中島流理台、L櫥具轉角平台等。

圖__尤噠唯建築師事務所

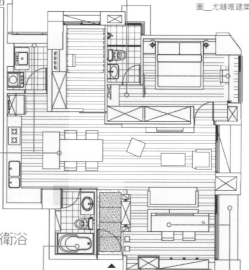

## 前陽台及書房適合男主人思考及發呆

閉密書房一般是男生的地盤，若沒有的話可以考慮前陽台。萬一只能做開放式書房，建議最好書桌前有架高約 20 公分左右隔屏，可以做視覺上阻隔。

圖__尤噠唯建築師事務所

▲入口

## 有泡澡設備的衛浴空間躲人最好

萬一家裡人口眾多，建議可以趁洗澡時間好好讓自己喘個半個小時再出來。因此舒適的衛浴空間、澡盆、可暖屁股的免治馬桶設備等是必要的。

圖__杰瑪設計

平面圖：尤噠唯建築師事務所提供

## 家裡角落設計發呆座椅解壓

若真的找不出空間來，則可以利用靠窗空間自己營造一處專屬的思考座位，像是架高木地平台加幾張抱枕，或搬張有靠背舒適軟椅，搭配間接光源，這裡就是你的發呆亭。

左圖__杰瑪設計、右圖__尤噠唯建築師事務所

# 家裡多了一個小搗蛋，三人世界怎麼睡？

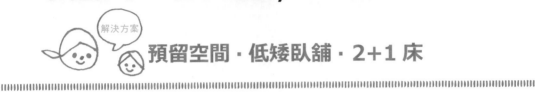

解決方案

## 預留空間．低矮臥舖．2＋1床

文——李寶怡、摩比　圖片提供——大湖森林設計、德力設計

在國外，新生兒有屬於自己的房間，並與父母分房睡，但這樣的設計並不適用於台灣的家庭。這是因為台灣父母不放心孩子一個人睡在單獨空間裡，怕孩子哭時不容易照顧到，同時在嬰兒時期，常常半夜要起來餵奶、換尿布，半夜還要跑來跑去十分不方便。

因此雖然有規劃兒童房，大部分媽媽們仍會把孩子抱回自己的房間照料，而把另一半趕去睡客房。於是產生夫妻被迫分房睡的詭異現象，淺移默化地也會或多或少引發很多夫妻間的磨擦及教養溝通的問題。事實上，透過設計，可以改善這樣的情況及情緒性問題。

不妨在設計主臥時，預留嬰兒床的空間，以300公分寬的主臥來說，大床佔200公分，其餘的是通道或衣櫃的位置。嬰兒床的位置若設置在大床旁邊，由於同一區域會有床頭櫃、梳妝台、凳……等，為了通道行走和開門、開抽屜的便利，需要80公分的位置。因此，嬰兒床長度以120～140公分較佳，寬度以60～66公分，若超過，將佔用通道或其它家具功能的位置，阻礙正常活動。

除此之外，不妨將主臥床舖設計成低矮的臥舖設計，平時放張雙人床墊便是兩人世界，萬一有小寶寶來臨，只要將床墊向旁邊一移，再加個單人床墊或嬰兒床墊，就可以共享三人世界了。

### 方案 1　主臥預留的嬰兒床空間

嬰兒床大多有現成的款式，但在尺寸上與使用的便利性仍得注意，一般來說護欄不宜高過 35 公分，嬰兒床不宜低於 50 公分，否則爸媽不只哄抱孩子不方便，也常會過度彎腰造成疼痛。此外，嬰兒床需要在臥室、客廳、餐廳之間靈活移動，要注意床體寬度超過 75 公分就不能進出房門。由於標準門框是 80 公分，門厚度 4 公分左右，考慮加工誤差和必要的間隙，75 公分是寬度的上限了。

圖＿德力設計

### 方案 2　低矮臥鋪，安全加分彈性大

若習慣和孩子一起入睡，不使用嬰兒床的父母，則建議將主臥的床設計成低矮的臥鋪式，寬度最起碼也要有 220 公分，以便容入一張雙人床墊及一張單人床墊。同時建議床架高度不要超過 15 公分以上，方便未來寶寶爬上爬下，不易跌下床。底部可做內凹槽加裝燈光照明，行走時不易踏到腳趾頭外，也可放置室內拖鞋。圖＿大湖森林設計

### 方案 3　2+1 床，三口之家相互關照

對於不打算規畫成臥鋪的寬敞主臥，可在原來的雙人床之外，另外加購一張單人床，無論是父母哪一方和孩子共眠時，另一方都可以隨時起身協助孩子的照料，而不用因分房而將照顧的責任歸屬在同一人身上。圖＿ yalanda

### plus+ 升級版　歐美嬰兒床可使用至 6 歲

國內生產的嬰兒床大部分是 120 公分，可用到 3 歲左右；歐美的嬰兒床尺寸長度在 140 公分，寬度 78 公分，可用到 6 歲左右，尺寸比較合理，使用的時間較長。

# 如何凝聚家人們的向心力？

解決方案

## 旅行地圖牆·愛的留言牆

文───摩比、木子　圖片提供───尤噠唯建築師事務所、德力設計、馥閣設計

家 不該死氣沉沉一成不變，家應該跟著生命成長與變化著，如果可以在家中的一處隨著四季更迭變化心情，紀錄故事，這個家會容易凝聚起每個人對家的濃郁情感。

但這並非一朝一夕就可辦到。最佳時期就是當二人共巢「家」的共識時，便可建立，像是制定家的某一處為「愛的留言板」，每天記錄對方的關心、叮嚀或交待；又或是設計一面家族牆，留下二人快樂的時光情影等等。

這個地方可以設在公領域的任何一處都可，特別是玄關、客廳、廚房、餐廳等。設計師建議可以是玄關的造景，也可以是家庭成員都會停留的客廳，或是餐廳與廚房二合一的膳食空間，都是相當洽當的地方。

家是一個共同創作分享生命況味的地方。

而呈現的手法可以是鄉村風常見

的黑板，以及可以塗刷塗改的白板，或是具有磁力的布告欄，烤漆強化玻璃等都是輕而易舉可獲得的材料。當二個大人建立了這種以「家」為中心的思考邏輯，未來有小寶寶後，在耳濡目染的情況下，小朋友自然而然地也會繼續學習及傳承下去。

如果家人之前沒有這樣的共識，也沒關係，因為現在開始都不遲。與家人共同制定想要達成的目標，如環島、旅遊全世界、買房子等等，然後設計在公共空間裡，讓每個人都看見，就會心生嚮往，一定完成。例如，對於喜愛旅遊玩耍的家庭來說，「地圖」更是最佳的溝通媒介，無論是使用烤漆玻璃配明信片，抑或是軟木塞配圖釘的方式，都能讓家裡每個人在經過時，看著照片回憶著旅行當時的趣事、曾經享用過的美食，一幕幕的畫面更能拉近彼此間的距離。

方案 1

## 以世界地圖為主牆設計，貼滿全家人旅遊回憶

為喜歡旅行世界各地的屋主所設計的世界地圖客廳主牆，透過烤漆玻璃製成，可供屋主全家人黏貼及標記所旅行據點與回憶，甚至還用可擦拭的白板筆直接書寫於上做記錄。當地圖上貼滿由旅行時帶回來的各國國旗，也意謂著屋主完成環球的夢想。圖＿德力設計

方案 2

### 在廚房及冰箱的動線上，設置愛的留言牆

運用烤漆玻璃搭配鐵片所設計之愛的留言牆，設置在冰箱側面牆面上，讓家裡每個人每次經過都會看到其他家人的關懷及叮嚀。玻璃材質易寫易擦拭，也容易保養，甚至下面還可以成為小朋友的塗鴉牆。鐵片背板，也能運用磁鐵吸附重要收據或紙類訊息一物多用。圖＿尤噠唯建築師事務所

### plus+ 升級版 — 磁性漆＋軟木塞世界地圖主牆，釘貼吸樣樣來

運用厚實的軟木塞為材質，透過雷射切割、並刻意燃燒地圖邊緣，製造出自然仿舊、復古的特殊質感。軟木塞的好處是只要以圖釘就能重覆張貼家人旅遊的照片，無需擔心傷害牆面，使用相當方便。而且牆面內同時塗佈磁性漆料，讓屋主可隨意使用磁鐵貼上旅遊照片，用法十分多元。

圖＿馥閣設計

chapter 4:

# 滿足品味嗜好的煩惱

Q062-071

# 想跟老婆或好友在家品嘗美酒？

解決方案

## 酒的放置法 · 複合式酒吧 · 氣壓式吧台椅

文——摩比　圖片提供——杰瑪設計、德力設計、匡澤設計、KⅡ廚具

雖說品酒有很多種姿態，其實不限於吧檯；酒櫃也有很多種形式，不限於市面上的制式酒櫃。除非是對品酒很有興趣，不然在居家空間有限的情況下，要再塞進一個專業的溫控酒櫃，也是有難度的，當然費用不貲。

但若只是偶爾想跟老婆或好友在家小酌一番，則建議可以在餐廳與廚房的動線之間，結合櫥櫃設計一個專屬的小酒櫃或酒架，方便拿取及洗滌酒杯。而設計原則須掌握幾點，如：要遠離熱源位置、通風良好不能有濕氣、不能有陽光直射的室內空間，若瓶口有軟木塞的紅白酒最好平放，以保軟木塞濕潤，防止酒變質，且酒瓶口徑約在8～9公分左右才能放入。至於威士忌或清酒，甚至是紀念酒款，建議應找適合的櫥櫃直立放置。但在沒有專業酒櫃情況下，建議任何好酒還是在1～2年內喝掉才好。

而小酌的空間，其實哪裡都可以，客廳沙發、餐桌，甚至臥室都可以。但講究的人還是會在家裡規劃吧台設計，這又分高腳酒吧，以及廚具、餐桌結合的複合式中島設計充當吧台。

若單純只是高台酒吧台，其高度則從90～120公分都可，依照使用者的身高來決定，建議搭配氣壓式吧台椅，不但不受酒吧高度影響，上下都方便，更重要的是能營造出小酌的閒適場域氛圍。至於擱腳的吧台下方空間則可預留15～20公分為宜。如果是複合式中島吧台，則高度約75～80公分左右。

吧台的建材變化萬千，如吧台立面採石材，吧台面則可選搭溫潤的木紋建材，反之，則吧台立面採木紋質材，則吧台面的建材則可更自由配搭，藉此達到和諧的層次感。記得要搭配柔和的燈光設計，讓人放鬆心情，喝起來才會超有Fu。

**你可以這樣做**

方案
**1**

### 葡萄酒平放，烈酒直放，且遠離熱源

酒櫃的位置應與屋主的生活習慣與動線結合，尤其是規劃在廚房與餐廳區域，較方便拿取及洗滌。在規劃酒櫃的同時，也要思考葡萄酒平放、烈酒直放的位置，並遠離熱源，像爐具及電器等，甚至酒杯的位置也要考量。最適空間包括中島台下、電器櫃最下方、餐邊櫃中、或廚房的收納櫃內等。圖＿匡澤設計

方案
**2**

### 結合廚具、餐桌功能的複合式酒吧

另外，結合廚具與餐桌功能的複合式酒吧設計，恐怕是最多人使用的解決方案。在設計時，要記得遠離會產生電熱的家電產品，且平放葡萄酒瓶開口，最好直徑規畫在 8 ～ 9 公分左右才能放入。圖＿杰瑪設計

方案
**3**

### 高腳酒吧搭配氣壓式吧檯椅絕配

一般高腳吧台的高度則從 90 ～ 120 公分都可，依照使用者的身高來決定。至於吧台下方則可預留 15 ～ 20 公分的深度為宜，以便擱腳。最好搭配氣壓式吧台椅，以便調整每個人的使用高度，也不用跳來跳去，另配合柔和的專屬燈光設計，營造出小酌的閒適場域氛圍。圖＿德力設計

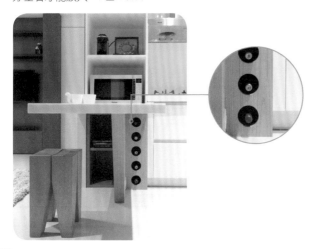

plus+
升級版

## 專業的小酒櫃

一個專業的紅酒櫃價格約 10 多萬至上百萬元不等，因此若規劃不當很可惜。所以不管是嵌入式或是落地式酒櫃設計，都必須考量酒櫃的散熱空間是否能完全排出，否則會因熱氣在櫃內導致壓縮機運轉不順暢、溫度感應棒失效等問題。

圖＿ KⅡ廚具

敬告：「飲酒過量，有害〈礙〉健康」。「未滿 18 歲請勿飲酒」

# 我家貴貴的腳踏車怎麼放才好？

解決方案

## 立桿架‧三角車架‧掛勾五金

文——李寶怡、摩比　圖片提供——養樂多木艮、德力設計、尤噠唯建築師事務所

現代人越來越注重生活品質，加上運動風氣日盛，使得週休二日的自行車旅行漸漸盛行，也冒出家中可能擁有好幾部腳踏車，而衍生出儲放的議題。會有這個困擾在於每台單價都不低，少則上千元，貴至20～30萬元都有，因此無論放置在門口或是大樓停車場內，都令人操心竊盜遺失的問題。因此，怎麼在有限的居家空間內放置這些高單價的腳踏車，常常令人傷腦筋。

其實市面上有不少各式各樣的腳踏車架在販售，價格從幾百元至幾千元都有。若是只有一輛腳踏車，一般會利用市售約500元上下的三腳立體車架，放置在出入方便的前陽台，或是客廳走道上，便可解決。

但若是家裡有好幾台以上腳踏車，設計師提議幾種做法可參考。首先，若車體較小，如折疊車或小徑車等，可於玄關直接設置大型儲物櫃，

將腳踏車直接停放，此法也是取用最為方便。但一般適用折疊車，不適合長度超過150公分的越野自行車或公路車。

這時建議不妨將車體也視為空間裝飾之一，展示出來成為空間焦點或是景觀設計。而放置的地點，最好不要離門口太遠，以方便出入。並不要擋到動線，影響家人的活動為主。

像是利用頂天立地立桿架，在客廳不影響動線的地方，懸掛腳踏車。這種掛置方法，通常一支立桿可以容納2台腳踏車，最好能納入整體空間考量，成為主題牆的裝飾元素。設計師也建議在天花板要做加強支撐處理，讓腳踏車支架更為穩固。又或者於客廳牆角安裝特殊的車用掛勾五金，直接將自己心愛的自行車懸掛於此做法，這也是一個相當時尚的設計手法。

方案 **1** 利用頂天立地立桿架，懸掛腳踏車

　　一般自行車的尺寸視車種、車架及輪子大小而定，但寬度多以把手為主，大約 30 ～ 40 公分為主，長度則介於 150 ～ 180 公分之間，高度則約 80 ～ 95 公分，因此在架設頂天立地車架時，最少也要有這樣的牆面及空間才放得進去。另支撐處的天花板最好做強化處理，才會比較穩固。

左圖＿德力設計、右圖＿杰瑪設計

方案 **2** 活動式三腳車架，便宜又方便

　　其實最便宜的方式，就是利用活動式的三腳立體車架，可視空間需求調整，例如家裡人口少的話，可放置在走道或是客廳的畸零空間，若人多時，則可把車子移進臥室內隱藏，調整彈性大。圖＿尤噠唯建築師事務所

plus+ 升級版 **腳踏車也可變身 室內飛輪健身器材**

　　透過自行車訓練架，就可以把腳踏車變身健身房用的飛輪機。若想要有段數設定，且能因自行車輪距大小不同而做調整的機種，價格約 1 萬元上下。若單單只想把自行車架起來練習，無任何功能的，大約 1 ～ 2 千元就搞定。　圖＿ AmyLee

方案 **3** 車用掛勾五金，立掛車體

　　若覺得橫掛腳踏車太浪費空間，設計師建議不妨可以利用直立式吊掛的方式，較節省空間。可在公共空間的轉緩空間，安裝特殊的車用掛勾五金，加上三腳立架的方式，便可將自行車以直立方式掛起來，算是相當時尚的設計手法。

圖＿養樂多木艮

# 我家的畫要怎麼掛才漂亮？有品味呢？

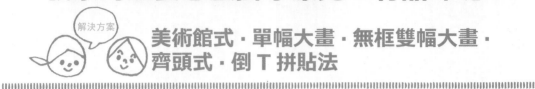

解決方案

美術館式・單幅大畫・無框雙幅大畫・
齊頭式・倒 T 拼貼法

文──李寶怡　圖片提供──養樂多木良、匡澤設計、杰瑪設計

**當**家完成後，接下來就是軟件進駐，像是家具及一些家飾配件，讓居家變得更為溫暖，且具個人化。而掛畫，就是其中之一。

在歐美國家，透過掛畫的方式，展示自己的生活品味，更透過畫的內容，將家的風格突顯出來。在淺移默化下，國內家庭也漸漸接受了在家的主牆上掛畫，而畫的內容五花八門，有的是藝術品，也有的是自己的攝影作品，更甚者將家人的親密合照放在牆面上，展示對親情的重視。

一般市面上所販售的畫框，多少英吋來計算，基本上只要一邊超過35英吋（約90公分）以上都算是超大幅畫，20～30英吋（約50～76公分）則為大幅畫、而11～16英吋（約30～40公分）則為中型畫、10英吋以下的則為小型畫。

因應畫的大小及重量不同，其對應的掛畫方式也有很多種，而常見的

有隱藏軌道的吊軌式、魔術黏土的壁貼式、3M掛勾的懸掛式。其中吊軌式，適合有重量的大幅畫框。至於壁貼式及懸掛式則適合中小型畫框。

其中，使用吊軌式的掛畫方式，必須在天花板內預留軌道，因此必須在裝潢前便與設計師談好，以免後續追加，容易破壞牆面整體感。

至於掛畫的方式，一般掌握幾個原則：若想要在空間裡創造視覺效果，掛畫黃金比例是畫的中心位置與視線平行最好，因此像現代博物館的掛畫方式，就是抓每幅畫的中心點維持在離地約147～150公分的高度最佳。但若掛畫的地方主要是坐著欣賞，那麼最好距離家具約25～30公分，其平視的視覺角度較佳。若是中小幅畫，不一定要十分規律地黏貼或壁掛，可以水平或垂直方向拼貼組合，讓牆面充滿活潑的趣味感。

**方案 1** 無家具，美術館式掛畫展示

　　美術館的掛畫方式大約有二種，一種是以腰部 100 公分做底線對齊往上掛；另一種則將每幅畫的中心點維持在離地約 147 ～ 150 公分的高度最佳，以方便平視。間距的部分，可以抓一個手掌寬，或是二小步寬。因畫較大，所以多以吊軌式為主。圖＿匡澤設計

**方案 2** 有家具，單幅大畫框的展示法

　　這是書房走道的端景，因此以站立高度的平視角度，在端景處設置一幅大型攝影作品，掛置在復刻版的沙發正上方吸引目光。
圖＿匡澤設計

**方案 3** 無框雙幅大畫框展示法

　　無框畫的內容通常會有關聯性，因此在掛法上的間距會較小，讓彼此遠看像一幅畫。採吊軌式，距離沙發背部約 25 公分，在視覺上讓畫與家具連成一氣。圖＿匡澤設計

## 方案 4 大小畫框齊頭式掛畫法

當大小畫框出現在居家空間裡時，可以先確定大畫框的位置，再輔以小畫框搭配。運用坊間的魔術黏土將大小畫框齊頭拼貼的方式，讓沙發背牆充滿活潑的視覺效果。
圖＿養樂多木艮

## 方案 5 中小型畫框倒 T 字拼貼掛畫法

中小型畫櫃因大小不一，因此可以拼貼出許多畫面來。想要掛得好看，必須抓緊水平及垂直的原則，像這個橫 T 字型拼貼方式，讓牆面視覺效果有往上延伸感。圖＿杰瑪設計

# 各種掛畫方式

## ❶ 大畫框吊軌掛法

⊙ 單幅吊軌式

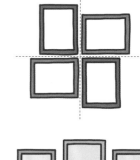

25～30CM

⊙ 三幅對稱吊軌式

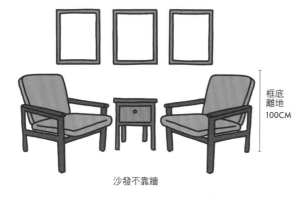

框底離地100CM

沙發不靠牆

⊙ 雙幅對稱夾物懸掛式

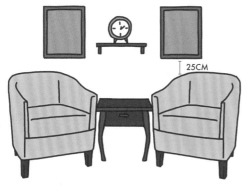

25CM

沙發靠牆

## ❷ 中小型畫框，拼貼式掛畫法

⊙ 四幅十字對稱法

⊙ 四幅壁貼對稱法

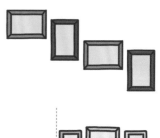

⊙ 四幅階梯式壁貼法

⊙ 多幅橫T拼貼壁掛法

⊙ 多幅中心對稱放射拼貼法

# 我要我家書櫃跟雜誌上一樣漂亮？

解決方案

## 書櫃打背光・櫃門錯格配置・鐵件鋼架書櫃

文──魏賓千、摩比　圖片提供────尤噠唯建築師事務所、德力設計

愈來愈多人選擇以開放手法來設計居家空間，將書房與公共空間結合，這時候書櫃往往必須支援客、餐廳的收納使用，肩負展示櫃功能。

因此，書櫃要設計的漂亮美觀，牽扯到幾個要素，第一個是櫃子所使用的材質不是單一種，比如說採用鋼構或鐵件作為支撐櫃子的整個支架，搭配木片作為層板架，整個書櫃畫面就豐富起來。若採木作書櫃，建議木板要用厚一點的，最少要5～6公分以上，承載力較好，若用鐵件則更佳。

一般來說，書櫃約30公分深度就足夠了，但若是想要跟展示櫃結合，則書櫃深度可控制在40公分以內。因此設計建議在設計書櫃之前，屋主不妨對自己藏書進行丈量作業，藉此作為書櫃設計的參考依據，透過丈量得

知藏書的比例，更能設計出一道量身打造藏書量最大的書櫃。

若是自己不善於收納書籍，也沒關係，可以透過櫃門變化，讓書櫃設計更具變化，比如說部分搭配小抽櫃型式、拉門設計，讓櫃子展現出跳格子的熱鬧趣味，在擺放、收納書籍時，也因為書櫃格子是否開放，多了選擇彈性。甚至於櫃門刷上顏色、貼上壁紙，或是裱上皮革，提高書櫃設計的彩度、質感精緻度。

如果空間採光足，會讓書櫃設計更具張力，如果採光不佳，有幾種方式可以讓書櫃可好看更好用。諸如背板加灰鏡、採用玻璃層板鑲LED燈，以及隱藏層板燈的設計都可做為書櫃的輔助燈源，當然也可直接採天花板嵌燈或是美式掛畫壁燈替代。

 方案 1

### 書櫃後加燈光，突顯物件精緻感

為了突顯展示物品的質感，設計書櫃子時不妨結合燈光設計，讓光從櫃子的四周投射出來，變成櫃子的光牆背景，格櫃看起來會更具立體感。另外，書櫃裡的書不要擺滿，利用書檔放八分滿，並與擺飾品交錯擺放，別有滋味。

圖＿尤噠唯建築師事務所

方案 2

### 丈量書的尺寸，格狀書櫃讓藏書量最大化

若是家裡的書很多，想要放進書櫃內，建議最好能將書的尺寸一一丈量，然後再加以規劃切割，取得藏書最大值，而且透過不同大小及上下的格數變化，讓書櫃繞富變化。藏書的陳設可依美觀考量用色系區分，但是如果以方便瀏覽，仍建議以書籍的編碼類別加以區分。圖＿德力設計

 方案 3

### 書櫃門片錯格配置，有利收納視覺化

開放式書櫃設計並不適用每個人，那麼不妨可以考量利用局部門片的規劃，讓書櫃做出變化，並可將一些不好看的書如參考書或雜誌、文件等隱藏在其中，讓書櫃整體看起來不會亂亂的。

圖＿尤噠唯建築師事務所

方案 4

### 鐵件鋼架書櫃，質感與個性加分

若是預算夠，則建議可以採用鐵件或鋼構做為書架的支架，不但美觀、實用，承載力強，更能強化櫃子的個性，除了結構性的鐵件素材，可移動的毛絲面不鏽鋼拉門，局部遮飾書架之外，也以材料本身的個性替空間加分。

圖＿尤噠唯建築師事務所

---

 plus+ 升級版

## 十字造型，書櫃自己就是藝術品

為讓空間更有趣，結合後方主臥的 60 公分衣櫃空間形成雙面櫃設計，面對客廳的空間，製作成開架式的十字造型 35 公分深之書櫃，指接柚木搭配麗胡木，讓木紋層次更豐富，形成空間裡的完整作品與畫面。

圖＿德力設計

# 我想翹著二郎腿，在家看電影、聽音樂會！

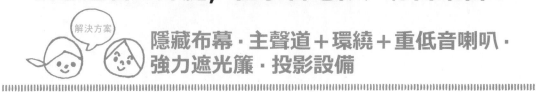

**解決方案** 隱藏布幕・主聲道＋環繞＋重低音喇叭・
強力遮光簾・投影設備

文——李寶怡　圖片提供——杰瑪設計

**把**大螢幕大畫面搬回家已不再是夢想，配上DVD或藍光錄影機的盛行，讓家庭劇院的視聽設備已不再是有錢人的專利，而是一步步深入到一般家庭裡。

到底該如何建構一個屬於自己的家庭劇院呢？

家庭劇院的設備大致上分為：投影機、投影布幕、音響、DVD Player或藍光播放器、擴大機等等。在空間部分，又分為密閉式的視聽音響間，及與客廳結合的家庭式劇院。

前者因設備等級的關係，往往一裝潢下來可能幾百萬元，不但有隔音及吸音裝置，甚至可整合投影布幕與窗簾透過遙控器的方式開闔。這時欣賞音樂會及電影便成了頂級的娛樂。若還想在家裡營造聲歷身的氛圍，美國有一款butt-kicker重低音效果，安裝在沙發或椅子下面，當有爆炸場面、重低音的音效時，椅子還會跟著震動！

至於與客廳結合的家庭劇院部分，就沒那麼講究，滿足看電影的需求就可以了。雖無頂級設備那麼專業講究，但該有的還是不能少。一般來說，可以將電動投影布幕設計在天花板內，這時為遷就升降投影布幕的馬達及窗簾盒，建議布幕開口離天花應留有15～20公分高度才適宜。

以客廳深約320公分來說，扣除投影機及布幕所佔的空間，實際鏡頭到布幕的投影距離大概只有270公分左右，因此以2.5倍推算出投影尺寸大概也不會超過90吋較適宜。而在規劃吊掛天花板的投影機時，要記得將電源線、視訊線、電源訊號線，甚至網路線及MOD、HDMI及HD端子等，都要規劃及考量。但要記得一定是先配管，再拉線，才不會遇到未來擴充的問題。

**方案 1** 選擇遮光性強的窗簾

環境光的控制會影響在觀看時布幕的畫質,所以窗簾一定要有可以完全遮斷光線的產品。

**方案 2** 視覺落在螢幕中央最好

120 吋布幕高 150 公分,以 150×2.5 = 375 公分,因此距離 3 米 6 來觀看是對的。但以一般家庭來講,若不太過講究,購買 80 吋布幕就已足夠了。

**方案 3** 設計天花板,包裹隱藏投影布幕

布幕的尺寸大小及距離沙發的合理位置推估,就是布幕長度乘 2.5,便是架設沙發及投影機的位置。並採電動式升降布幕,方便使用。記得在布幕天花要留維修孔。

**方案 4** 電視櫃安置主聲道喇叭、中低音響、擴大機、DVD Player 等

電視櫃以一對喇叭來模擬重現音場技術,音域會比電視的雙聲道更為寬廣,容易有環繞的感覺,並在螢幕下方放置中繼器。

**方案 5** 沙發背牆,高掛投影機及二個喇叭

5.1 音效的環繞效果當然還是最好的,但還是得請人來架設及比較重要。一般大多是 5 隻小喇叭,加上一只重低音,擺設還算容易,繞線比較麻煩,可以用地毯掩蓋或是藏在家具後面。

**方案 6** 重低音喇叭,創造身歷聲效果

結合茶几的重低音,隱藏起來,在必要時才會出現,尤其是在看爆破片或打鬥電影,最為震撼。

# 給我專屬的 Wii 或 Xbox 體感遊戲場？

解決方案

## 感應器距離適當‧機能性客廳＋止滑地板‧移動式插座

文──摩比、魏賓千 圖片提供──德力設計、王俊宏室內設計、KⅡ廚具

自從任天堂推出Wii後市場大賣，緊接微軟的Xbox靠著Kinect感應器、Sony則以PS3的專用配件PlayStation Move動態控制器，紛紛進入體感遊戲的市場。讓使用者靠著各家設計的感應裝置，直接用遙控器或是四肢，就可以在家裡的客廳或是起居間，與親朋好友一起玩起互動電玩。

但無論是裝哪一種體感遊戲，最重要的是場地及設備的安置，因此在家裡規劃及設計一個專屬的體感遊戲場該注意以下幾點。

首先，空間尺度因遊戲的大動作肢體特性，所以客廳或起居間最起碼必須大於5～6坪左右，方能容納兩人的遊戲空間；如果希望容納三人，則必須擁有10坪以上的空間方能如願，否則便會出現礙手礙腳的窘境。

其次，遊戲主機可以跟著電視相

關電器用品收納在櫥櫃裡或電視檯面下方，最主要的是其所搭配的感應器位置，最好設置在電視機中央上方，約10～15公分，且前方無遮蔽物。若是搭配壁掛式液晶螢幕電視，則建議不妨在電視的上方或下方設置層板放置，而相連的線路則可以隱藏在電視牆的封板後、地板下，一般來說須做10～15公分的封板，方便電線管路的處理，預留維修孔，方便日後維修。

如果不想施作封板，那麼只好打除局部電視牆，以便於預埋1吋半的PVC管，施作費用不見得比較便宜。

另外，遊戲場域周邊的收納也必須規劃妥當，如此可讓單一功能的客廳或起居間瞬間變身成為Wii或Xbox、PS3的體感遊戲場，雖說電視越大遊戲效果越好，但仍需考量整體空間的腹地，建議47吋以上。

**方案 1**

### Xbox 的 Kinect 感應器超過 2.5 公尺感應佳

　　在客廳電視上方安裝了 Xbox 的 Kinect 感應裝置，從電視至使用者的距離最好超過 2.5 公尺以上，且安裝與眼睛同高的位置感應最好。另外在玩時也建議燈光別太亮，中間無椅子及沙發，以免會產生誤判情形發生。圖＿德力設計

 **方案 2**

### Wii 感應器可接受 1～3 公尺感應佳

　　由於 Wii 紅外線感應器輕薄短小，因此多半可黏貼在液晶螢幕的正上方，大約人體的眼睛位置即可，下方層板則可放置 Xbox 的 Kinect 感應器，並將主機放在電視櫃上方，以方便取用及換片。圖＿王俊宏室內設計

**plus+ 升級版**

### 移動式插座，接插座頭就可隨意擴充

　　電視櫃附近有太多電器必須擴充及充電，因此有國外廠商研發移動式插座，包含了電源軌道與插座，插座可以隨意嵌入擴充，以一條 100cm 長的鋁製電源軌道可擴充插入約 10～12 個插座孔，十分方便。但價格不便宜，以 100 公分，加二個插座頭約台幣 2 萬元整。圖＿KⅡ廚具

Wii 紅外線感應器

液晶螢幕後面放 Wii 及 Xbox 主機

用邊櫃收納遊戲遙控器

Xbox 的 Kinect 感應器

 **方案 3**

### 體感遊戲場，防滑地板保安全

　　無論是哪種體感遊戲機，在建材選用上必須注意止滑性，因此不推薦拋光石英磚地坪建材容易造成摔倒，若能鋪上大面積地毯同時具有吸震與隔音效果，是可以考慮的輔助建材。同時，將客廳搭配彈性空間拉大遊戲場域，當屋主想釋放壓力或適當有賓客訪，客廳馬上變身體感遊戲場便成了接待賓客打開話題的好幫手。圖＿德力設計

# 平時三、四個吃飯，宴客時卻能容納 12 個人？

解決方案

## 中島兼餐桌·伸縮家具·電視矮平台

文——木子、李寶怡　圖片提供——馥閣設計、赫奇實業、幸福生活研究院、杰瑪設計

現代家庭人口少，頂多是一家四口成員居多，搭配方形餐桌比例的機率自然較高，但是如果週末假日朋友、家人聚餐，原本剛剛好的餐桌該怎麼辦？其實最簡單的方法就是挑選一張機能性餐桌，從原本的4～6人的狀態，經過延伸片的組合和桌面的特殊設計，擴展成為10人以上的大餐桌完全不成問題。

不過設計師也提醒，如果已經決定選用可延伸放大的餐桌款式，餐廳周遭的動線務必保持寬敞、減少任何障礙物或固定式櫃子的設計，以免放大餐桌後又得搬來搬去，造成不便。

其次，除了一般餐桌之外，目前最流行的中島廚房亦有增加用餐座位的功能，中島料理台可依據自身需求決定高度，設定為吧台或是餐桌使用，平常可簡單作為早餐、下午茶使用，當遇到有聚會需求時，中島就成為最實用的第二張餐桌。

早年傳統大家族用餐，經常是區分為大人一桌、小孩一桌，這樣的概念其實也可以重新運用，餐廳區域可規劃一張正式用餐的餐桌，旁邊空間搭配透過電動升降設備隱藏在地面內的圓形小餐桌。

除此之外，就要靠設計師發揮創意，像是在小坪數空間裡，可將客廳的電視矮平台從玄關到窗台延伸，人多時可充當坐椅，或小桌面。又或想省錢的話，至家具賣場買兩組無抽屜工作桌，上下差3公分左右，組成T字型，當客人來時就可併排成大桌子，便宜又實惠。

方案 **餐桌＋中島，**
1　　**彈性好運用**

中島料理台的廚房設計，也能巧妙為空間創造第二張餐桌的功能，又能增加廚房的收納機能。當然中島料理台周邊的走道寬度建議約為 90 ～ 120 公分左右，使用較為舒適，同時吧台椅或餐椅最好可收納於中島下，如此也能避免佔據走道。圖＿馥閣設計

90 ～ 120 公分

方案 **善用延伸餐桌，**
2　　**4 人變 10 人**

傳統的延伸餐桌，都是在原本的餐桌內附上兩片延伸片，在必要時長拉放大增加座椅，而法國品牌 Ligne Roset 卻設計一張圓形的折縮餐桌，運用收起來是桌椅的 4 人餐桌，但拉開桌椅折直後可提供 10 ～ 12 個人使用，超神奇。圖＿赫奇實業（Ligne Roset 法國傢具）

方案 **壓低電視櫃平台高度，**
3　　**變身坐臥椅**

在小坪數空間裡，運用複合式設計也是好方法，像是將客廳的電視平台壓底至 40 ～ 45 公分從玄關延伸至窗台與坐臥鋪結合，在人多時就可以充當坐椅，而單人木作板凳就可充當臨時茶几，好用又實惠。圖＿杰瑪設計

 **升級版**

**升降餐桌，孩童專用**

若預算足夠，可以在正式餐桌之外，另外於地面內規劃電動升降餐桌，聚會時，就能將小孩和大人分開用餐。升降桌面平常也不會佔空間，而且又能提供不同年齡的小朋友最適合的高度選擇。

圖＿幸福生活研究院

# 我有好多公仔模型及馬克杯，怎麼處理呢？

解決方案

## 隔屏展示櫃・外牆展示櫃・書報櫃・層板・模型櫃

文————魏賓千、摩比　圖片提供————尤噠唯建築師事務所、德力設計、杰瑪設計、大湖森林設計

旅途中帶回來紀念品，每一件都是一段美好的回憶，無論是馬克杯或公仔、原版模型，甚至絕版的骨瓷娃娃等，都是值得好好珍藏。問題是，怎麼藏？仔細包裝封存嗎？再拿出來把玩回味，可能已事隔多年，甚至連擺放的位置都經不起歲月的考驗，不小心遺忘了。

其實，最好的收藏方式就是給收藏品一個專屬的展示舞台，用收藏品來裝飾、美化居家空間，為空間說故事。住家的展示設計不該跟商場販售一樣的思維，太具強迫性讓人感到不舒適，應該以展示屋主個人特質為前提進行設計為宜。設計前，必須先行確認屋主的藏品尺寸以及特性，同時思索輔助照明設計該用哪一種，以達

到畫龍點睛的處理方式等等。

設計的手法，有開放式層板、展示櫃設計。開放式層板的部分，若是大型模型，如長度及高度超過50公分以上，建議單獨陳列比較能吸引視覺。中小型模型的層板則建議深度不要超過25公分，以免清理上不方便。

至於展示櫃，得思考櫃子的型式、擺放位置。建議將展示櫃規劃於動線上，讓櫃子成為風景，架構出「牆面」的主題。開放的展示櫃應該跟儲物櫃整合，挑選重點展示，不一定非要將所有的藏品全數展示，如此反而容易失去焦點。此外，展示櫃也可附加其他機能，諸如隔屏、滑門、雙面櫃等等相結合，讓展示設計更精巧與吸引人。

### 方案 1　馬克杯展示櫃兼隔屏，機能 + 視覺設計

收藏品的展示櫥櫃，不一定要靠著牆擺，變成牆的依附品。櫃子，也可以是一道隔間。擁有驚人的咖啡馬克杯收藏，物品特性不需要太深的櫃體，15～20 公分的深度便足夠了，因此將其化為隔屏當玄關與餐廳的區隔使用，以石材鋪砌輔以聚焦投射燈，讓人一進門不致直視客廳而一覽無遺。圖＿德力設計

### 方案 2　外牆玻璃展示櫃，360 度觀賞模型及收藏品

在進出頻繁的動線上規劃全透明的玻璃展示櫃，不但進出都能欣賞到櫃子那美麗的姿態與收藏品，且櫃後空間的景致也在展示櫃半遮半透下，取得獨立隱私，視線穿透櫃牆，將前後兩區串連在一起。除了適合展示 3D 立體公仔模型外，像是汽車、船及飛機等，都適合。

圖＿尤噠唯建築師事務所

### 方案 3　結合書報陳列展示櫃，成為玄關端景

在玄關端景規劃一深度 20 公分，高約 30 公分的書報展示櫃，上層放杯盤類收藏展示品，而最下層做成書報陳列架，搭配黃色的燈光設計，在進入處形成焦點。圖＿杰瑪設計

### 方案 4　開放式層板放置公仔，深度 25cm 方便清理

善用開放式展板放置公仔及模型也是不錯的選擇，層板可視空間來選擇，材質上以木頭及鐵件比較容易融合在空間裡，形成端景，至於但深度不要太深，以免未來在清理上不方便。圖＿杰瑪設計

### 方案 5　專屬動漫人物模型櫃，管理方便不易染塵

受到日本動漫及美國電影及卡通的影響，使得許多人在家裡展示不少公仔及動漫模型，基本上公仔高度尺寸大約 14 公分以下，而動漫人物模型高度約 21 公分左右，因此在規劃時要注意。運用 L 型書桌上方的玻璃櫥櫃做展示，不易染灰塵，清理及管理上也較方便。

圖＿大湖森林設計

# 想在家練琴、拉小提琴，不會引鄰居來敲門？

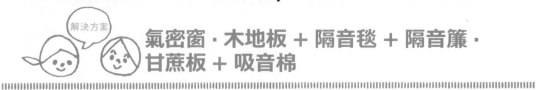

**解決方案** 氣密窗・木地板 + 隔音毯 + 隔音簾・
甘蔗板 + 吸音棉

文———魏賓千、摩比　圖片提供———尤噠唯建築師事務所、德力設計、同心綠能室內設計

台灣對於琴房的設計規定並無明確規範，因此大部份住家的琴房在設計並不容易擁有應該有的聲學及場域條件，往往考慮到的只是美感表現，但對於聲音環境及音場研究較無法俱全，以致於屆使用之時往往聲學效果不盡理想。

一般來說，琴房設計可分為開放式與封閉式兩種。封閉式的琴房如以視聽間、錄音室等級規劃設計，將至連門片都施以隔音條設計。但這種專業級的空間設計，最起碼也要50萬元起跳，不是一般人可以接受的。

不論是開放或封閉設計，聲學應為首要考量。

隔音設計如不佳，琴房易受干擾。同時琴房內吸音過度與吸音不足皆不可取。吸音過度的設計會讓音場乾澀，吸音不足則是形成迴音問題；而且使用不當的吸音材容易導致音色扭曲走樣。因此，在歐美國家，會利用木頭、夾板等做為空間結構，就連地板也是木板鋪成。四壁則多以石膏板釘成，天花板則以薄夾板或礦纖板來設計吸音，聲音聽起來會比較溫暖，而不像拋光石英磚地板所產生的聲音反射般生硬。

18～24公分的牆面運用具備吸音特性的隔音棉、礦纖板或甘蔗板建材，甚至連門片都施以隔音條設計。

另外多用軟性建材，像是窗簾及地毯等，尤其是窗簾布最好選擇厚而軟的布窗簾當作吸收聲波的面積，不但隔音，也讓聲音好聽。除此之外，像是布繃泡棉、有造型的吸音泡棉也都具備相同的吸音效果。

### 開放式琴房採氣密隔音窗，聲音不外傳

因空間關係而將琴房設計成開放式呈現，搭配黑色三角鋼琴，因此在空間裡運用淡黃色主牆，突顯鋼琴的優雅，更讓白色立面變得有層次。氣密隔音窗及木地板、天花等設計，讓聲音保留在室內空間裡流動著。圖＿德力設計

### 運用厚重的絨布蛇形簾隔音兼柔化音波

將鋼琴架在木地板上，以減少鋼琴所彈奏出的聲音太過冷硬。且空間裡做足隔音效果，包括木地板採隔音毯再加 4 分夾板後再鋪上木地板，隔音毯要收邊。此外，還搭配木作天花及厚重的絨布蛇形簾，不但隔音，還兼柔化音波，讓天花板、地板及牆吸收、反射、擴散聲波，使鋼琴的聲音達到「軟硬適中」的要求及效果。圖＿尤噠唯建築師事務所

### 甘蔗板＋吸音棉，建構密閉式電子琴練習室

將書房結合電子琴室，以 18 ～ 24 公分的牆面，結合具備吸音特性的隔音棉、礦纖板及甘蔗板建材，甚至連門片都施以隔音條設計，讓聲音可鎖在琴室內，不會干擾家裡的人或鄰居安寧。圖＿同心綠能室內設計

木天花＋吸音簾　　　木地板＋隔音毯

# 想要家中有魚，滿足興趣也想符合風水！

解決方案

## 嵌入式魚缸·互動式水族箱·影像投影

文——李寶怡 圖片提供——成大 TOUCH Center、尤噠唯建築師事務所、百觀水族景觀

（很）多人在家養魚，其實不是為了興趣，更多是為了風水改運，建議若是為了改運擋煞而在家設置魚缸，最好還是事先邀請風水師先行看過，決定方位及魚缸的尺寸大小，再至水族館選購，或是請設計師規劃。

在財神之下，會把財帶走；魚缸水流要往室內流，注意水流方向，最好往室內流才會帶動氣流，也有帶財之說。

養魚達人表示其實魚很好養，只要掌握「養魚先養水，養水先養菌」，添購適當的器材，如過濾系統、空氣幫浦、控溫器、馬達及燈光定時器等等，並定期每三個月至半年要清理一次魚缸，便不怕魚容易生病而死掉。以120×45×75公分大小的魚缸及設備，大約1～2萬元不等，要看選擇的設備。

若不想太勞師動眾，有些風水準則要注意：首先魚缸的選擇不宜過大，以圓形及長方形為佳，且擺放位置不宜太高，水平面的位置最好不要超過一般人心臟的高度為佳，以免造成太大壓力，清洗魚缸也會變得十分不方便。但也不得低於人的膝蓋，在動線上容易踢翻外，風水上也容易形成腳踏水，水不流動，會阻財之說。

另外，可將魚缸放在沙發的正面電視牆上或是側面走道邊，但不可放在沙發背面，因為水性無常，若作為靠山，便難求穩定。還有不可與爐灶對沖，會對家人的健康有損；切勿擺

近年來，因科技發達，也有廠商推出互動式魚缸，透過手機、電腦主機及液晶螢幕設計在玄關或客廳裡，形成一道有趣的風景；或者運用投射技術及感應式地板，反射在地板上，變身玄關魚池，為空間帶來趣味感。

## 方案 1 嵌入式魚缸，考量給排水及承重結構

設計師表示，若在居家設計嵌入式魚缸，要記得預留給水及排水管路，方便未來清洗魚缸時使用外，另櫥櫃下方的結構要穩固，板材要厚實，以支撐魚缸重量，並可在此設計收納空間，放置養魚的飼料或其他所需器材及工具。同時，在櫥櫃內部要預留約 30～50 公分的深度，以隱藏馬達，上方則要預留約 30 公分高度，以埋設燈管及濾水系統。圖__尤噠唯建築師事務所

## 方案 2 液晶螢幕＋遊戲軟體＋手機＝互動魚缸

有廠商針對養魚的習性推出類似的遊戲軟體，並結合智慧型手機可虛擬選購魚及餵養飼料，被設計師或屋主利用液晶螢幕及電腦主機和 Wifi 無線網路等，設置在玄關櫃內，藉由手機及觸碰方式，讓電子水族箱的魚游快游慢，甚至轉方向。其優點是免除換水的麻煩，但若長時沒飼養魚或清理，魚也會死亡。

圖__成大 TOUCH Center

## 方案 3 投影機＋感應式地板＝互動室內魚池

成功大學的 NCKU TOUCH Center 研發一套可承載人體互動的感知技術，透過感測器安裝在玄關入口處的玻璃底下，當人走進偵測範圍時，會啟動頭頂的投影機將互動魚池影像投影在地板上，並透過腳輕踩其上，感測器便會發出訊息，變化出陣陣漣漪及與魚兒互動玩耍的反應動作。

圖__成大 TOUCH Center

---

## plus+ 貼心版 在家裡養什麼魚比較容易活？

其實在家養魚，最忌魚跟水草枯死，因此選擇比較容易存活跟飼養的魚是最好不過的。養魚達人表示，中型魚比小型魚更好養且容易存活，以下列出好養且易活的魚，提供參考。圖、表格__石觀水族景觀

| 魚類名稱 | 魚性 VS. 風水效果 |
| --- | --- |
| 龍吐珠 紅龍 銀帶 | 這類魚身如刀，魚性凶猛，具有擋煞作用也具有偏財運道，很多從事高風險但利潤厚的行業都喜歡飼養在家裡。且金色、白色的魚主生財。 |
| 黑摩利 黑牡丹 | 黑色身軀的魚，大都具有擋煞作用，其中以黑摩利效果較佳，而黑牡丹因魚性溫和，擋煞和招財方面都有功效。 |
| 七彩神仙 錦鯉 金魚 血鸚鵡 | 這些魚色彩斑斕，魚性溫和，大都用來旺正財，具有令人際關係和諧、作事減少障礙等效用，但實質財富增長較慢，但因為運氣轉順，當事人的心境也會比較愉快，進而達到和氣生財的效果。 |

chapter 5:

# 關於健康的煩惱

Q072-090

# 長坐不會腰痠背痛的方法？

解決方案 人體工學椅・人體舒適尺寸

文──李寶怡　圖片提供──杰瑪設計、大湖森林設計

由於坐著時，人體的上半身重量會透過脊椎一直傳到接觸椅面的屁骨上，這時裡面的脊椎骨有椎間盤來緩衝這些壓力，並提供脊椎調整適合的角度。好的坐姿可以減少椎間盤的壓力，減緩椎間盤磨損的速率，並降低腰部產生因久坐產生的不適感。但壞的坐姿卻會讓人的身體產生疼痛、痠麻感、無力等。而最常出現症狀的部位包括了腰部、下肢、肩膀、脖子及手臂。

因此怎麼選一張適合的椅子很重要。但空間的椅子這麼多，要怎麼選呢？主要視使用時間的性質及時間來計算。

一般休閒用的椅子，如沙發椅、休閒椅等，像沙發含坐墊高度大約35～42公分，椅墊深度約80～90公分（若不含椅背及靠枕55～65公分），

不要太深，讓膝蓋可很舒適的擺放。若有椅背，則以70～90公分高較適合，不會造成太大量體壓力。休閒椅的部分，若有要躺下，並將腳抬起平方，則高度約15～25公分，身體斜躺角度約120～135度，對椎間盤的壓力最小，躺起來最為舒服。

至於餐椅，為配合餐桌高度，寬高外，最重要的是座椅面依每個人的膝臂長做調整，以維持膝蓋窩後方有5公分的空間，避免壓迫到膝蓋後方通過的神經。另外建議，在腰部、上背部及把手要有支撐，對人體最好。但在採購時最好還是前往實際試坐一下，才會最為準確。

多介於42～46公分左右，座高一般多為45公分。而因工作，使用時間較長的書桌椅或辦公椅，除了同餐椅的長寬高外，

## 方案 1 挑對人體工學椅，腰酸背痛不再來

坐姿時雙足能放鬆平放於地面，且大腿跟小腿的夾角角度能維持 100 ～ 110 度是最適宜的椅高。若椅背能傾斜約 110 ～ 120 度角度，對人體來説十分舒適。同時在人體的第四及第五腰椎處 ( 高度 10 ～ 18 公分左右 )，要有 5 公分的腰椎支撐厚度。從椅墊上算起，上背支撐的高度必須要有 50 公分高為佳。另外，有把手的椅子可以協助支撐上肢肢體部分的重量，減少椎間盤的負擔。把手的適當高度為前臂平放時可以讓肩膀放鬆的垂下為佳，最好是可調整式把手，以符合不一樣使用者的需求。圖＿大湖森林設計

## 方案 2 各式椅子尺寸，與人體工學對照表

不過不論椅子設計再怎麼精良，還是不建議久坐，大約半小時坐姿，最好起來上上廁所或動一動肩膀跟脖子、手腳是必要的，讓血液循環一下，才不會因久坐而產生手腳麻的問題。而不同類型的椅子，不同的尺寸對於人的舒適度有很大的影響。圖＿杰瑪設計

| 座椅名 | 椅子類型 | 建議尺寸 |
|---|---|---|
| 單椅 |  | 寬度：80 ～ 95cm<br>深度：80 ～ 90 cm<br>（含椅背及靠枕）<br>坐墊高：35 ～ 42 cm<br>背高：70 ～ 90 cm |
| 雙人沙發 | | 寬度：126 ～ 150 cm<br>深度：80 ～ 90cm<br>（含椅背及靠枕）<br>坐墊高：35 ～ 42 cm<br>背高：70 ～ 90 cm |
| 三人沙發 | | 寬度：175 ～ 196<br>深度：80 ～ 90cm<br>（含椅背及靠枕）<br>坐墊高：35 ～ 42 cm<br>背高：70 ～ 90 cm |
| L 型沙發 | | 寬度：220×254cm<br>深度：80 ～ 90 cm<br>（含椅背及靠枕）<br>坐墊高：35 ～ 42 cm<br>背高：70 ～ 90 cm |
| 餐椅 | | 寬度：42 ～ 46cm 左右<br>座高：一般多為 45cm<br>提醒：基本上桌底到坐椅面要距離 19cm，（但仍要以餐桌高度為主） |
| 吧台椅 | | 高度：103 ～ 123cm<br>（視吧台高度而定）<br>寬度：50×45cm<br>椅背高：43cm<br>跨腳台至椅面：60 ～ 80cm |
| 辦公椅 | | 高度：40 ～ 50cm<br>寬度：40 ～ 45cm<br>深度：38 ～ 40cm |

# 哈啾！小孩有過敏體質怎麼辦？

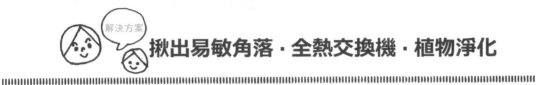

**解決方案** 揪出易敏角落・全熱交換機・植物淨化

文───李佳芳　圖片提供───杰瑪設計

濕氣問題是影響居住者健康的前

兆，台灣相對濕度本來就較高，一旦悶濕就容易孳生黴菌、細菌，若牆面（壁紙）出現壁癌、水痕，或窗框、浴室孳生黑色黴菌，就是房子出狀況的前奏，一定要立刻找出問題點，以免擴大為健康問題。

其次，基於防盜、隔音或冷房考量，現代人生活在換氣不良的空間，一再循環的過期空氣引發嚴重過敏、病態大樓症候群，空調症也時有耳聞。針對開窗條件差的房子，使用空氣清淨機僅能小範圍控制空氣品質，最好的方式還是安裝全熱交換機。

全熱交換機原本是用來進行餘熱交換，做為空調節能控制的設備，但因為全熱交換機具有低度換氣的功能，可過濾空氣中灰塵、花粉等懸浮

物，因此被發現很適合用在都市生活空間，或不適合開窗的街屋住宅，達到免開窗又能健康換氣的效果。

雖說為了室內通風，保持開窗是必要的，但都市環境空氣汙染指數高，空氣中的懸浮粒子容易引起過敏症狀。而根據研究發現，窗戶全開，室內懸浮微粒濃度會比關窗來得高，易提高居住者罹患心血管疾病的風險。因此，臨馬路的房子較安全的開窗方式是留10公分縫隙，並加掛窗簾，流通空氣之餘，也降低懸浮微粒飄進室內的機會。

除了仰賴機械設備，植物也具有淨化汙染空氣的功用，有研究報告指出，在家中種植植吊蘭、蘆薈、山蘇、虎尾蘭等，還可效降低室內甲醛濃度。

## 方案 1 揪出家中過敏源頭

　　角落不起眼的發霉，其實有可能是家中的過敏來源，不妨先檢測以下居家各角落是否出了問題，而除霉的方法千萬不要只是做表面功夫，一定要確實揪出黴菌產生的原因，如牆壁水管破裂、積水、濕氣無法排出等，必須從根本改善，才能淨化居家空間。

## 方案 2 安裝全熱交換機

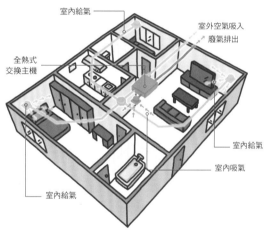

⊙家中容易隱藏過敏源的地方
（圖中標示：儲藏室、牆壁、電冰箱、浴室、衣櫃、流理台下方、冷氣機、家具、臥室床鋪、窗戶邊緣）

　　全熱交換機有一對一或一對多機型。一對一機型適合一般大樓公寓，一對多機型則適合用在垂直分層的透天厝。全熱交換機安裝要配合天花板管道設計，進氣孔與排氣孔的設計原則，遵守「客廳進氣，廚房排氣」，或「房間進氣、房外排氣」之原則最好。此外，全熱交換機運轉必然有些許噪音，購買時可依個人接受度選擇機種，安裝時則避免將主機放在臥室附近。圖_杰瑪設計

（圖中標示：室內給氣、室外空氣吸入、廢氣排出、全熱式交換主機、室內給氣、室內吸氣、室內給氣）

## 方案 3 種植物淨化空氣

　　環保署依照單位葉面積滯塵能力與二氧化碳移除速率，公佈七顆星以上、共50種淨化室內空氣能力較佳的室內植物，不妨去花市買幾盆回家！

| 淨化等級 | 單位葉面積滯塵能力 | 二氧化碳移除速率 |
|---|---|---|
| 十顆星 | 1. 鐵十字秋海棠<br>2. 非洲董 | 1. 非洲董 2. 聖誕紅（可移除甲醛）<br>3. 印度橡膠樹（可移除甲醛）<br>4. 非洲菊（可移除甲醛、三氯乙烯、甲苯）<br>5. 嫣紅蔓 6. 龜背芋<br>7. 波士頓腎蕨（可移除甲醛、三氯乙烯、二甲苯） |
| 九顆星 | 1. 皺葉椒草<br>2. 大岩桐 | 1. 盆菊（可移除甲醛、氨、甲苯） |
| 八顆星 | 1. 嫣紅蔓 | 1. 袖珍椰子（可移除甲醛、三氯乙烯、氨、甲苯）<br>2. 馬葉觀音蓮 3. 繡球花<br>4. 馬拉巴栗（可移除甲醛）5. 西洋杜鵑（可移除甲醛、氨） |
| 七顆星 | 1. 麗格秋海棠（可移除甲醛）<br>2. 盆菊（可移除甲醛、氨、甲苯） | 6. 金脈單藥花（可移除甲醛）<br>7. 中斑吊蘭（可移除甲醛） |

# 不開冷氣，也能讓家隨時隨地很涼爽？

解決方案

## 對角開窗・外推窗・氣窗 x 格柵窗

文───李佳芳　圖片提供───半畝塘環境整合、杰瑪設計、同心綠能設計

在高電費的年代，能盡量不開冷氣不但省錢，更是環保愛地球的象徵及趨勢，但面對逼近攝氏40度高溫，到底要怎麼做才能減少冷氣的運作呢？其實，首要條件就是「通風」。通風好的房子可以利用氣流進入，將屋子裡產生的熱量帶走，來達到降溫效果。

要運用自然通風方法，來調節悶熱的室內，必須在窗戶與格局設計下點功夫，打造出風道才行。空氣就像水流一樣，必須要有進有出才能稱之為活水，然而空氣入口與出口位置，關係氣流是匆匆帶過，還是深層吐納。

一般而言，風會尋找最短的路徑

進出，如果進氣與排氣的窗戶都設計在空間的同一側，那麼氣流進入空間不消幾秒就馬上排出，只能帶走局部熱能，其餘沒有氣流通過的房間，仍然還是悶熱不已。為了能讓氣流循環室內，最好的方式是採取對角開窗設計，讓進入室內的空氣在室內走過一圈後再排出。

屋內對流問題除了建築體的開窗設計外，如何在室內產生對流也很重要，除了加裝設備外，其實最簡單的方法，也是最古老的智慧，就是在房間門或隔間牆設計氣窗，或使用格柵門、魯班門等，都可以避免房間悶著，不妨可以試看看。

### 方案 1

## 對角開窗設計,製造風循環路線

對角開窗設計,讓進入室內的空氣在室內走過一圈後再排出。不過,設計對角開窗時,無論是各個房間或整體平面,要注意隔間不要太過零碎,以免打斷氣流路徑;或者,也可以加裝吊扇來幫助是內空氣循環。圖__半畝塘環境整合

### 方案 2

## 利用外推窗導風入室

空間裡,窗的形式有很多種,可以引入不同方向的氣流,也豐富室內景色。外推窗比起橫拉窗更能導風入室,舉例來説,當風向與窗戶平行時,若使用橫拉窗風,風依舊無法進入室內,而外推窗的話,則可以推出的窗片「擋」風,使風的路徑轉向、進入室內,效果如同導風牆。因此在大面窗的框架分割上,不妨安排左開、右開或下開的外推窗,可依照不同季節風向靈活導風,下開的外推窗則可在雨天時使用,讓室內依舊能保持通風狀態。圖__半畝塘環境整合

右開外推窗

下開外推窗

### 方案 3

## 氣窗、格柵運用, 房間清涼不悶滯

如果只有房間的換氣有待加強,不需要任何設備,老房子的智慧可供參考,如房間門或隔間牆設計氣窗,或使用格柵門、魯班門等,都可以避免房間悶著。左圖__半畝塘環境整合、右圖__同心綠能設計

格柵拉門

臥室門上預留氣窗

# 我家嚴重西曬，怎麼幫房子防曬、幫屋內降溫？

解決方案

## 遮陽板·Low-e 玻璃·木百葉×遮光簾·綠植栽

文——李佳芳　圖片提供——半畝塘環境整合、森林散步、宜修網、富三企業、蕭景中

台灣地區室內外溫差不大，但日照輻射熱卻很驚人，想要加強過外遮陽設計可以有效阻絕60%太陽輻射熱，不過西曬的日射角度很低，外裝水平遮陽得要足夠面寬才行，可在窗戶外裝水平遮陽板或可調式窗戶型遮棚。不過，嚴重西曬最直接的解決方法還是採取垂直式的遮陽，例如在窗戶內加裝木百葉、使用遮光窗簾，或是在陽台種植栽，其阻絕陽光輻射的效果也等同於遮光窗簾。

談到遮光窗簾的運用，傳統遮光窗簾的遮光效果雖然很好，但卻也阻擋了採光。隨著織品與窗簾技術陸續開發，同時保有採光機能的調光窗簾或風琴簾，或是在兩片窗簾布中間夾一層消光紗，遮光與抗UV的「三明治窗簾」都是不錯的選擇。

近來大家常談到的「Low-e玻璃」，其實是夾入化學反射膜的雙層玻璃，既能阻隔一半以上因太陽光的紅外線和紫外線所產生的熱能，又能保持良好透光性，解決採光和隔熱的矛盾。不過，另一種節能百葉玻璃產品就更有意思了，它其實是雙層玻璃的一種變化，將可調整的百葉設計在玻璃裡面，達到有效控制太陽入射率，同時保有易清潔等特性，這兩者，皆是在住宅難以加裝遮陽板時不

玻璃的遮陽能力，單單是把窗戶加厚或使用雙層玻璃的效果有限。通常複層玻璃的技術是用來強化隔熱能力，而非遮陽能力。但具節能功能的玻璃窗，得隔熱能力、遮陽能力兼具才是。

錯的選擇。

根據內政部建研所研究指出，透

方案 **1** 深屋簷、水平遮陽板，大量遮陽

遮陽防日曬其實要從建築體做起，除了針對西曬的角度設計開窗通風設計外，後續仍可依靠在窗戶上方可加裝水平遮陽板、可調式窗戶型遮棚或採取深屋簷的設計，防日曬也有雨遮效果。圖__半畝塘環境整合

方案 **2** Low-e 玻璃、節能百葉玻璃，降低輻射熱

將玻璃換成可降低輻射熱的 Low-e 玻璃，或可控制陽光入射的節能百葉玻璃。Low-e 玻璃因隔熱效果佳，使得原本的冷氣使用時間可減半，以 60 坪東、北兩面採光的透天厝為例，原本 2 個月電費約需 1 萬多元，但全屋換裝 Low-e 玻璃後，電費可大大節省至1/3 至一半左右。Low-e 玻璃一才約 400 ～ 500 多元，不含施作及框架。而節能百葉玻璃一扇則要價大約 2萬元左右。左圖__宜修網、右圖__富三企業

方案 **4** 木百葉、遮光窗簾，減低光熱入侵

木百葉減緩熱的傳導，還可調節西曬陽光直射角度，但切記不可使用鋁製百葉窗簾，反而會使溫度快速上升。三明治窗簾可有效隔熱，價格跟消光紗遮光度有關，花色也會影響，單布料一碼價格約 300 ～ 1,050 元，素面最便宜，印花和壓紋款一碼約貴 40 ～50 元，刺繡價格最高，比素面貴 80 ～ 100元，一般可使用 7 ～ 8 年。圖__森林散步

節能百葉

玻璃百葉

方案 **3** 綠植栽，阻絕西曬輻射熱

但無論是深屋簷或是換裝 Low-e 玻璃，在價格上都太過昂貴，其實最簡單又有效的方法，就是採最環保又自然的效果──在西曬處的窗台或陽台種植栽，特別是爬籐類植物最佳，可阻陽兼防塵一舉數得。圖__蕭景中

# 風吹雨打、車水馬龍 24 小時不打烊，
## 何時才能讓家靜下來？

解決方案

## 氣密條・隔音玻璃・發泡劑填縫

文——李佳芳　圖片提供——隔音達人 Sealgap、杰瑪設計

若是要改善環境噪音，一般人首先聯想到的是改善門窗，但究竟是要改善窗框、玻璃、牆壁，及門板，必須先揪出「漏聲」的主兇才行。

若是門縫或窗縫漏聲，可先自行購買隔音膠條黏貼於窗框凹槽處，DIY自製氣密門窗，試試看能不能解決問題。若其噪音仍無法降低到可忍受的範圍，其次才是考慮市面上所謂「氣密窗」或「隔音窗」。

所謂「隔音窗」必須是經過測試認證，隔音係數達50STC才可稱之，不僅擁有高氣密性，還搭配複層真空玻璃阻絕音波傳導。隔音窗建議最好搭配8mm＋8mm的玻璃，價格視品牌及玻璃厚度及材料而定，一才約800～1,500元以上，若因預算考量，可折衷選擇「氣密窗」，再搭配8mm以上的加厚玻璃或複層玻璃，便能顯著提升

隔音效果，減弱聲音穿透。氣密窗市價從一才100～1,100元以上都有。

有個簡單的方法可以判定氣密窗的好壞。好的隔音氣密窗，只要將窗戶關起來，高音頻的聲音像是汽車聲、鳥叫聲等應該要隔絕90%以上的噪音，但多少還是會聽到低音頻的聲音像是公車聲、卡車聲和摩托車，因為低音頻的聲音連牆壁都會穿透。倘若已裝上隔音窗，噪音仍然明顯，則有可能是外牆或樓板本身厚度不足，可先於局部牆面試裝隔音板（毯），確定有所改善再全面鋪設。

另外，要特別提的一種狀況是位在強風地帶的房子，急促又刺耳的聲音常讓人住得緊張。有此問題，建議最好檢視一下，住家的冷氣孔、排水孔、抽油煙機風管排風孔有無安裝逆止風門防止強風灌入，同時管線穿孔的縫隙則可使用發泡填縫劑來填塞。

方案
1

## 選用氣密窗、隔音窗

隔音窗可以有「氣密」功能，但氣密窗卻不一定可以「隔音」。兩者最大的差別在於隔音氣密條、鋁擠型不同與玻璃規格。氣密窗的款式變化萬千，不管是圓弧、八角等窗型皆可安裝，而開窗方式則有橫拉、或推射、上掀、下掀等。至於隔音性能，就窗體來比較：固定窗＞推射窗＞橫拉窗。圖＿杰瑪設計

方案
2

## 窗縫門縫黏隔音條，自製氣密窗

若家裡仍使用一般鋁窗，在不方便更換成氣密窗或隔音窗之前，不妨可以至五金行花費約 200 多元買隔音膠條或門窗氣密條黏貼於窗框凹槽處的縫隙，試看看其隔音效果。圖＿隔音達人 Sealgap

before

after

方案
3

## 發泡填縫劑，填補家中所有風管空隙

若是使用窗型冷氣也建議換成分離式冷氣，並將窗口確實以木板加矽力康，或發泡填縫劑填補，以免音源進入。將發泡填縫劑灌注於冷氣孔、排水孔、抽油煙機風管的空隙或孔穴後，會逐漸膨脹至完全填滿縫隙，凝固後可用美工刀削去多餘部分，再塗上油漆或水泥修飾表面即可。圖＿隔音達人 Sealgap

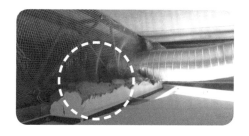

plus+
升級版

## 逆止風門，排煙管口防風切聲

居住在高樓大廈或是在風大的區域，如林口或新竹等，時常會聽到咻咻咻的風切聲，建議不妨在排油煙管口安裝逆止風門，一來可阻強風灌入的風切聲外，也能防雨水及蚊蟲、蟑螂、老鼠、鳥巢等動物進入屋內，造成困擾，價格視材質及口徑大小而定，有塑膠材質及不鏽鋼材質，前者大約在 1,000 元以下，後者約 1～2,000 元都有。

圖＿隔音達人 Sealgap

# 反潮冒汗、高濕度，住在「潮」間帶怎麼辦？

解決方案
## 吊隱除濕機・地暖全面恆濕・防潮板

文———李佳芳　圖片提供———信尚國際有限公司、六相設計

近來氣候異常，往往冬季之後，彷彿省略了春天就直接跳到夏季，前一刻冷吱吱，後一刻就透南風，人受不了，連房子也挨不住，開始反潮。雖說良好的採光通風就是最好的防潮設計，但遇到這種「天災」，還是很難倖免。

反潮現象對木地板傷害尤其大，一般施工時都在底板與水泥地板間都鋪上一層薄薄的透明防潮（水）布，是隔絕地氣、防止反潮侵襲的重要關鍵。萬一是在山邊的房子，或一年四季都很潮濕的低窪地區，可利用天花板加裝吊隱式除濕機，控制整個房子的濕度。相較於一般冷暖兩用空調的除濕機能，僅有單一功能的除濕機性能較佳，也比較省電。

除了用除濕機，木炭也具有除濕功能。以八個榻榻米大的空間為例

（4坪），四個角落各擺7～8公斤的木炭最理想。使用方法是將木炭放在透氣的竹籃或藤籃裡，置於在空間對角位置，且約每三個月清洗、用太陽曬乾，便可重複使用。

除此之外，安裝地暖多少有降低濕度的功能。國內地暖多採金屬發熱片，效果類似電熱式除濕，原理是利用電能加溫地表空氣，提高空氣中的露點溫度，達到降低空氣中相對濕度（註❶）。

針對小型而密閉的空間，例如收藏品室或更衣室，地暖廠商也開發出一種叫「防潮板」的產品，其設計原理與地暖相同，普通大小的更衣間只需掛上一塊，就可達到些許除濕效果。如果是訂製衣櫃，直接將發熱片（僅約0.5mm厚度）埋入夾板內隱形起來，就可以打造會除濕的衣櫃了。

174

**你可以這樣做**

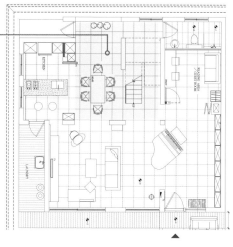

**方案 1** 天花板上裝設吊隱式除濕機

　　利用天花板加裝吊隱式除濕機，不佔室內活動空間，也不會東一台、西一台的。且透過冷氣排水管排水，因此免除倒水麻煩，再加上可用遙控器操作，因此成為近年熱門商品。吊隱式除濕機價位約 2 ～ 3 萬元左右（含安裝），在採購時建議最好選擇全機體鍍鋅鋼板耐用堅固，多層防音安靜。圖＿六相設計

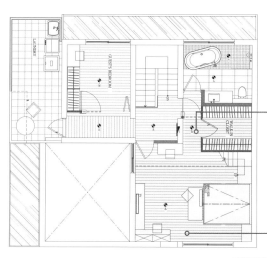

**方案 3** 防潮板，密閉式衣櫃或儲藏間最適合

　　密閉更衣間可設計除濕機專用落水頭直接排水，免再傾倒，也可裝防潮板，讓櫥櫃空間可以更清爽。

圖＿六相設計

**方案 2** 地板加鋪地暖，恆溫恆濕

　　3 坪空間鋪滿地暖，1 小時可降低濕度 1 度，當地板溫度到達 34 度恆溫時，最多可降低濕度 3 ～ 4 度。鋪設前最好先規劃好固定家具位置，以免浪費。

左圖＿六相設計、右圖＿信尚國際

175

# 冷氣怎麼裝才不會太冷，讓人常感冒？

解決方案

## 下吹式吊隱・側吹式吊隱・壁掛式

文───魏賓千、李寶怡　圖片提供───尤噠唯建築師事務所、杰瑪設計

冷　氣是避暑的好幫手，但安裝的位置不對，卻也可能成為危及家人健康的致病兇手。一般家用的冷氣設備，主要分成窗型冷氣機、壁掛式冷氣、吊隱式空調等，近年來更有建商直接將中央空調做進去。但想要有個舒適的空調環境，除了要有回流設計，讓空氣循環順暢外，出風口位置的設計更是重點。

像窗型冷氣大多是側吹型冷氣，因此在挑選及安裝時，要檢視家中的冷氣孔在哪邊，若在左邊的，要選擇右吹型冷氣；冷氣孔在右邊的，則要選擇左吹型冷氣。同時在規劃時要注意，冷氣出風循環位置處不要加裝任何的櫥櫃，以免冷氣滯留而無法達到冷房效果。

壁掛式冷氣與吊隱式空調都因有室內外機，而屬分離式冷氣一種。分離式冷氣除了機器吊掛外，還需要安裝配置冷煤管線控制電源線等，並在安裝時必須使用壓力表和真空機作冷氣系統處理。且室內機水平不能傾斜超過5度以上，會造成冷氣傾斜漏水，或冷氣排水管不順造成漏水。

另外，冷氣若設定為24度時（室內溫度），一但到達設定值，壓縮機會停止運轉。但出風口溫度一定比室內溫度低，約在12～17度左右，在空間規劃時，必須注意要避開直吹頭部的空調設計，以免造成冷氣病，因此，出風口最好也避開直吹沙發、餐桌及書桌椅位置，若是在臥室，床角、床尾都是適合設計出風口的位置。

### 方案 1 下吹式吊隱出風口，避開沙發

以吊隱式空調搭配線型出風口設計時，通常分為「下吹式」及「側吹式」，但無論是哪一種，應避免往人的頭上直吹，因此出風口位置通常會避開人所在的位子，像這個下吹式的吊隱鋁料出／回風口設計在電視牆前，目的在於避開沙發區直吹。
圖＿尤噠唯建築師事務所

### 方案 2 側吹式吊隱出風口，冷房面積大

一般側吹式設計通常會夾在天花層板內設計，避免看到出風孔的視覺尷尬。出風孔吹的方向由電視櫃往下，繞一圈至沙發後再回風排出循環，讓人體感受舒適的冷氣風力。圖＿尤噠唯建築師事務所

### 方案 3 壁掛式，設置在窗戶正中心

壁掛式冷氣的出風孔在下方，並有風扇可以擺動，回風則在機體的上方，因此在設計時，要留 5 ～ 10 公分回風的位置。至於擺放位置，一般是做在窗戶正中心，一來接近牆的窗戶開口，讓牆的線條減至最低，而且從房間內往外看出去，視覺是最協調的，且離室外機近，配管短，冷循環速度越快，效果越好。
圖＿尤噠唯建築師事務所

### 方案 4 臥室冷氣，出風口設計在廊道

至於臥室方面，無論是吊隱式或是壁掛式應避開床頭或對身體直吹的設計，才不易造成頭痛或容易感冒等問題，床角、床尾都是適合設計出風口的位置。
右圖＿杰瑪設計、右圖＿尤噠唯建築師事務所

# 洗澡時熱水等很久？甚至洗一半出冷水？

解決方案

## 熱水器選擇・保溫套・熱水器公升數・加壓馬達

文——李寶怡　圖片提供——尤噠唯建築師事務所

想 要熱水快快來，其實有幾點要注意的：檢視自家的熱水器公升數是否足夠、有無穩定的水量及水流、及是否有包覆保溫套。

先談熱水器的問題，家用熱水器分為電熱水器與瓦斯熱水器，其中電熱水器又分為即熱式熱水器、儲熱式熱水器；而瓦斯熱水器分為室外型熱水器、強排型熱水器。一般來說，市面上的瓦斯熱水器售價較電熱水器便宜很多，但基於安全考量，電熱水器是比較受歡迎的，較沒瓦斯熱水器容易有忽冷忽熱的問題產生。

但是電熱水器的瞬間開關電壓高達30安培，一般三房兩廳的住宅總用電量也不過70安培，如果又有電爐、烤箱及電磁爐等家電一起使用，反而

容易因電力不足而導致加溫速度慢而要等待，因此最好在電力上要好好規劃及思考。至於瓦斯熱水器容易忽冷忽熱，除了選擇數位恆溫功能的機種外，也要檢視一下當初購買的公升數足不足夠。

其次就是水流水量是否足夠的問題。其實30年以上的老房子，容易有水壓不足的問題，導致水流緩慢而產生熱水來得慢又不熱的狀況。建議不妨加裝加壓馬達，即可獲得改善。再者就是現在熱水管多半是不鏽鋼材質，加熱傳導速度快但冷卻也快，因此建議不妨在熱水管外面再加裝保溫套覆蓋，以避免熱水在傳送的過程中，造成熱能的喪失而產生熱水不熱，或來得慢的問題。

**方案 1** 依使用習慣，選擇對的熱水器

市售熱水器種類很多，要選擇適合的。以價格而言，瓦斯熱水器較便宜，但就居家安全性而言，電熱水器較受歡迎，不過若喜歡泡澡的人，最好選擇儲熱式電熱水器較佳，而即熱式電熱水器適用淋浴，且洗澡時間最好不要超過 15 分鐘。

**方案 2** 檢視熱水器公升數夠不夠

即便是數位恆溫的機種，若熱水器的公升數不夠，一樣洗起來也是不夠熱。無論是電熱水器或瓦斯熱水器，建議以一家 4～5 人，且有二間浴室同時使用的習慣，則 20 公升便足夠。但如果家中洗澡人數不是一個接一個馬上就要洗的話，建議選 25 公升的儲熱式電熱水器較佳。

**方案 3** 為熱水管加裝保溫套覆蓋

由於熱水管多為不鏽鋼材質，建議從熱水器至浴室這段管子最好用保溫套包覆起來，以免造成熱能在傳輸過程中喪失太快，導致熱水容易變冷，而造成瓦斯、水及電的浪費。

 **plus+ 升級版** **水量小可用加壓馬達處理**

水壓是不是足夠，可以將熱水器的出水量和其他一般水龍頭的出水量做比較，如約同一時間可住滿同一水桶，則可合理推測出水量應相同。若水流量真的比較小，建議可以當層加裝加壓馬達，由室內給水開關控制，同時加大熱水管管徑，熱水問題馬上解決。

# 樓上安靜點！夜半走路聲及沖水聲如何消除？

解決方案

## 填充隔音材料・隔音條・隔音毯・水錘接收器

文———李佳芳　圖片提供———AmyLee、杰瑪設計、尤噠唯建築師事務所

從天花板傳來樓上住戶的聲響，是大樓住戶偶爾難忍的噪音問題，也是鄰居間鬧得不愉快的主因。

畢竟人人生活習慣不同，與其期待他人改善，不如先從自己小處著手。如何降低從樓板傳遞的噪音，最簡單方法是施做天花板。利用天花板在水泥樓板與空間製造空氣層，緩衝噪音傳導，若能加入隔音材料，更可強化隔音效果。

至於隔音棉？吸音棉？哪一種才有隔音效果？其實波浪泡棉的吸音棉並不能隔音，相隔音仍需具有高密度、無彈性、不透氣等功能的隔音棉才行。購買時，則廠商最好出具政府機關相關認證或知名學術研究機構的測試報告，例如2.0mm防黴級隔音毯隔音值為28dB，相當一般鋁窗或實木門隔音值（約25dB～32dB），選擇正

確材料再搭配正確工法，才能讓隔音工程收到實質效果。

夜深人靜時，感覺特別明顯的流水聲常常擾人清夢，這通常是因為水管內流量瞬間增加，使得水流衝擊水管，因此產生噪音，最常見的主因就是馬桶沖水或浴缸排水時，再加上大樓管道間多集中在浴室天花板上，噪音通常會發生在浴室一帶。

要降低糞管或排水管的水流噪音，可買來隔音毯自行剪成寬條狀，以重疊纏繞方式包裹水管，然後再以複合隔音毯的板材施工天花板即可。要是想更徹底地杜絕噪音，排水噪音會因為住戶與樓層的多寡而有程度不同，若聲響特別大，可多纏繞幾層。

還可用自黏式隔音條黏貼於廁所的門框與門檻，DIY自製氣密門窗，避免門窗縫隙漏音。

### 方案 1 天花板材背黏隔音毯、填充隔音材料

新作隔音天花板，內部則要紮實填充高密度玻璃纖維棉板或岩棉板（切勿使用泡棉、保麗龍或發泡橡膠），此外，注意所有固定於水泥樓板與牆面的角材，必須先以白膠或強力膠黏上兩層 2mm 隔音毯（隔音毯之間要重疊避免有縫），形成具隔音效果的框架。若是家中已經有天花板，也可局部開孔施工，填入岩棉板，然後再以複合兩層 2mm 隔音毯的板材平封。若為了達到最佳隔音效果，燈具建議使用吸頂型，避免使用需挖洞的嵌燈。此外，考量安全防火，天花板內部的電線要用 PVC 管保護好。圖＿杰瑪設計

### 方案 2 門縫貼隔音條，減少聲漏問題

要是想更徹底地杜絕管線間的噪音，還可用自黏式隔音條黏貼於廁所的門框與門檻，DIY 自製氣密門窗，避免門窗縫隙漏音。圖＿杰瑪設計

### 方案 3 所有水管及風管線纏繞 2 層隔音毯

要降低糞管或排水管的水流噪音，以及風管的噪音，可買來隔音毯包裹水管，然後再以複合隔音毯的板材施工天花板即可。排水噪音會因為住戶與樓層的多寡而有程度不同，若聲響特別大，可多包幾層。圖＿ AmyLee

### plus+ 升級版 加裝水錘接收器、排水管增厚，減少水管發出怪聲

若是經常聽見滾彈珠的聲音，則是水管中的「水錘效應」導致，為水管內空氣因重力與水產生共振，而發出巨大的聲響，此種現象最容易發生在高樓或老舊公寓。解決方法是把排水管換成鑄鐵管或環氧樹脂粉體塗裝鋼管，並增加 PVC 管厚度，或者在大樓頂樓加裝水錘接收器，都能多少能解決問題。

圖＿尤噠唯建築師事務所

# 在房間打麻將、放音樂也不會吵到家人？

解決方案

## 隔音毯 + 石膏板·採用實牆隔音

文──李佳芳　資料、圖片提供──隔音達人Sealgap、尤噠唯建築師事務所

只要家有青少年，就會發現當他們壓力大時，大開家中喇叭聽音樂似乎是不錯的抒壓管道。但是對家人而言，卻是噪音惡夢的問題。甚至有時家裡有人打一整天麻將，導致自己一個晚上都沒辦法睡⋯⋯等等。

家裡不安靜的音源可分為兩類，一是自己吵自己，二是外界聲響，而造成的原因很多，尋找解決方案之前，必須先豎耳傾聽，找出聲音的原因、進來的路徑，再開始防堵，才能對症下藥。

自己吵自己不外乎是房間的隔音不佳，原因可能出自牆壁太薄或門縫太大，使聲音穿透而不得安寧，最好的改善方式不外乎是家人間培養好的生活默契，或是用隔音條加強門縫隔音。其實隔音效果最好的順序為紅磚實牆→白磚→輕隔間牆→木作牆，即

便輕質灌漿牆，連隔壁放音樂、講話聲，非常清楚聽見。

因此若怕自己在房間的活動會吵到家人，最好的方法，就是實牆隔間。要不然就是在輕隔間牆內設置3.0mm隔音氈100×100公分約6公斤，才能完全有效遏阻聲音傳透。

另外，鋪木地板的房子，通常木地板與地面形成的中空縫隙，易導致低頻共震與共鳴，而使家裡的聲音聽起來更為增幅。因此不妨以3mm隔音毯取代防水布，鋪得時後最好摺上來一點，包覆木板的厚度，避免木板與牆壁接觸面產生傳導共震。若是架高地板，則可在板下鋪上隔音毯或岩棉，或者也可以從軟件著手，鋪上厚地毯減少回音產生。但切忌用玻璃纖維棉、PU泡棉，對隔音無效。

方案 1

## 隔音毯 + 石膏板,阻隔地板噪音傳到樓下鄰居或家人

若怕木地板會吵到家人或是樓下的人,隔音達人表示利用 3.0mm 隔音毯張貼,再一層石膏板 15mm 即可改善相當多 20dBA 以上。方法二:釘 5cm 木角架,將石膏板 15mm 釘上,再釘 3.0mm 隔音毯,同時再加層面材如矽酸鈣板 6 ～ 9mm 或石膏板 15mm,隔音效果還不錯,可以試看看。圖＿尤噠唯建築師事務所

 方案 2

## 實牆隔音效果＞輕質隔間

雖然輕質隔間號稱有放隔音棉,但多半是用玻璃纖維棉、PU 泡棉,其只有吸音效果,但完全沒有有效遏阻噪音及共振噪音,因此建議想要防止室內噪音,還是用砌實牆比較實際。圖＿尤噠唯建築師事務所

隔間拉門牆
幾乎無隔音

實牆隔音
效果好

# 老是要爬上爬下才能開廚櫃上層的東西，好危險？

解決方案

## 下拉式吊櫃・電動升降五金儲櫃

文——李寶怡　圖片提供——尊櫃國際事業、KⅡ廚具

以台灣人平均身高：男生是171.6公分、女生是159.5公分來看，設，可以讓使用者一拉就可以將櫃內兩層的東西拉下來拿取，十分方便又安全。而這類下拉吊櫃，又分為自動式及手動式，一般只有60、80、90公分款式，因此要視自家廚房大而定。其中光自動式下拉吊籃約20～30萬元，真的並不便宜，要視需求而定。

台灣廚房廚具的高度，由地上往上算約82～88公分左右；流理台與上櫃之間大約70公分高，上櫃則是由地面往上算大約在140～160公分之間。而實際高度，也要視使用者的身高而定。

事實上，上下櫃的櫃距涉及到排油煙機、烘碗機，和身體距離，因此如果身高較高者，可以往上移5公分試試，會比較好用，在使用過程中也不易敲到頭。但以一般廚具高度約234公分，就女生使用，約180～190公分，因此約40公分的收納空間便很難使用到，該怎麼辦呢？

因此就有廠商開發一種叫「下拉吊櫃五金」。透過下拉式拉籃的裝

廚櫃達人陳育書表示，吊櫃收納的原則是以輕且不常用的放置上櫃，常用物品則放在下櫃。同時若安裝下拉式吊櫃，必須注意其機器設備所下降的高度，儘量避免下櫃的流理台上有東西在，如水龍頭或是較高的物品，會讓下拉式吊櫃無法運作。

## 方案 1　下拉式吊櫃，電動手動都方便

下拉式五金可以解決廚櫃因高度而產生的取用不便問題，讓使用者輕鬆下拉整個櫃體的收納物品、取用及收藏。又分為電動及手動式，且電動又分為控制面板與遙控器來操作，但費用不便宜，要價約新台幣 20 萬元。圖＿尊櫃國際事業

## 方案 2　電動升降五金儲櫃，牆櫃縫裡好收納

除了下拉式吊櫃外，另外也有廠商設計，電動升降儲櫃安裝在上櫃與牆之間，當按鈕啟動時，便可以將醜醜的油米醬醋茶等，收納隱藏在儲櫃裡，即方便又美觀，可以試看看。圖＿K Ⅱ廚具

# 寶寶小心！讓媽媽放心的防墜設計怎麼做？

解決方案　防墜紗窗・安全鎖・隱形鐵窗

文———李佳芳　圖片提供———家適美隱形鐵窗、漢峰精緻門窗、尤噠唯建築師事務所

近年來大樓管理注重整體社區的形象，對家中有小孩的父母而言，卻潛藏著兒童墜樓的擔憂。

在新修訂的公寓大廈管理條例中，已經明定「有12歲以下之住戶，外牆開口部或陽台得設置不妨礙逃生且不突出外牆面的防墜設施」（但12歲以上就得拆除）因此，許多廠商已針對此則開發新型防墜商品。

最經濟的選擇是於窗框加上安全鎖，將窗戶開口限制於安全範圍內，平時能保持通風狀態。窗戶安全鎖可分為兩種，一為警報型，一為定位型，皆可自行安裝。警報型並非專為防墜設計，主要為防盜功能，當窗框觸碰震動會發出聲響，定位型則是直接將窗框鎖住，萬一發生事故只要轉開或用鑰匙開鎖就能逃生；缺點則是，窗戶只能開啟局部，且當孩子年紀大了，就很容易被撬開。

至於陽台防墜設計，在不影響景觀視野條件下，隱形鐵窗是不錯的選擇。隱形鐵窗又稱為鋼絲窗，是在陽台四周裝上鋁型材，上下（或左右）以鋼絲繩串聯形成防護網，由於繩索細小強韌，15公尺外幾乎看不見，因此不影響建築外觀。

安裝隱形鐵窗要注意，鋼絲繩最好上下都固定於建築水泥結構上，避免固定於欄杆上。若是安裝在欄杆上，時間一久因為鋼絲繩的拉力漸漸變形，導致繩索鬆弛，失去防墜效果，若欄杆上有鑲嵌玻璃，甚至還可能釀成玻璃鬆脫的危險。隱形鐵窗安裝在陽台或窗戶皆可，唯有外推窗必須要安裝於室內，其餘安裝於內外皆可，若是遇到火警之緊急狀況，只要用鉗子剪斷即可逃生。

 方案
1
## 推射窗加裝隱形紗窗、防墜橫格

推射窗開啟後通風的開口完全沒有防護的功能，若有孩子在活動時墜落指數幾乎破錶，因此可在隱形紗窗與推射窗中間裝防墜橫格，因橫格裝在窗戶上，因此也沒有管委會反應或拒絕的問題。

左圖＿尤噠唯建築師事務所、右圖＿漢峰精緻門窗

方案
2
## 格窗＋強化紗網＋安全鎖，多重防護

如果想保留大範圍開啟，還有另一種防墜紗窗可考慮。防墜型紗窗是以格窗加上強化紗網組成，施工時不需要另做新框，直接安裝在窗戶軌道上即可，並且附上安全鎖功能，防止小孩拆開，而又方便拆卸清洗。只是安裝好，窗戶的另一扇就無法開啟，最好安裝於習慣開啟的一側。圖＿漢峰精緻門窗

格窗＋強化紗網

安全鎖

方案
3
## 隱形鐵窗，美觀又安全

在陽台、露台及頂樓女兒牆則適裝隱形鐵窗，但要注意的是其鋼絲繩必須經過戶外防水防鏽處理，每 15～20 公分以白鐵壁虎螺絲固定建築水泥結構上，完工後要測試鋼絲用力拉開的間距小於 15 公分才行，以達到防墜效果。

圖＿家適美隱形鐵窗

女兒牆防護

陽台防護

窗戶防護

# 炒菜油煙真難纏，如何快速排出保清新？

解決方案
掌握一排・二隔・三防灌

文——李佳芳、魏賓千　圖片提供——尤噠唯建築師事務所、杰瑪設計、安薪實業、新井實業

廚房油煙一直以來都是主婦們關心的問題，追根究柢，良好的排煙設計是最大重點，解決油煙問題有三招：一、有效的排煙裝置，二、隔離散逸油煙，三、防止油煙倒灌。

油煙機無法發揮功能，問題多半出在馬力不足或安裝不良。抽油煙機的基本吸力至少要每分鐘為11立方公尺（單位為m³/min），目前普遍機種大概都在15～16立方公尺，最新機種可達每分鐘22立方公尺，但售價較高昂。

喜愛開放式廚房，又要避免油煙進入室內，除了選擇高排油煙功率的油機款式，不妨搭配加壓馬達的使用，在廚房熱炒時，同時啟動後陽台的馬達，提高排油煙機的馬力，迅速排空油煙。

另外，也要注意抽油煙機安裝及

設計問題，若距離瓦斯爐台面太遠，或風管設計不良，也難以發揮最佳實力。不過排油煙機不能只看排煙量，食材下鍋的瞬間所產生的大量油煙，因此油煙罩的形狀相當重要，深罩式、斜背式設計較佳，可再加上導煙板、煙擋等，提高排煙效率。

另外，風管是否確實安裝也是檢查要點，若風管超過3公尺的話，就得加裝中繼馬達，確保廢氣送到出風口排出，否則當抽油煙機關掉後，廢氣又會回流室內，導致餘味不散。

出風口主動加裝圓弧形逆止閥的防風罩，防止油煙倒灌，可以是最後一道防線，建議最好主動要求廠商額外安裝，價格約900～1,500元。又或者也可選擇直流變頻抽油煙機，平時可維持低段風速靜音抽風，保持管內正壓狀態，兼具室內換氣功能。

80～90CM

70～75CM

80～84CM

70CM

### 方案 1 排油煙，首重對的抽油煙機 與確實安裝

通常最適宜的抽油煙機安裝高度是離瓦斯爐台面 65 ～ 70 公分左右，若是超過此距離，油煙容易散逸，效果便大打折扣。此外，瓦斯爐爐口最好與排風機在垂直線上，而抽油煙機與排風口最好以最短直線距離考量，過長或轉彎多都很難讓油煙順暢排出。圖＿杰瑪設計

### 方案 2 利用拉門、玻璃隔間， 防止廚房餘味擴散

改善抽油煙機之後，煎魚或炒麻油料理仍然難免意氣味散逸，開放式廚房可加裝活動拉門或是玻璃隔間補強，一來製造視覺的連續性，又能完全隔離廚房油煙，二來在使用後的清潔維護上，玻璃材質較其他材質容易清潔保養。圖＿尤噠唯建築師事務所

### 方案 3 導煙機、誘導式除油煙機， 增強排油煙機效果

如果想完全採開放設計，近來有坊間開發出導煙機，可以安裝在爐具週邊，利用風牆防止油煙散逸，加強抽油煙機的集氣效果，價格約 6 ～ 7 千元，並在安裝時最好與抽油煙機連動，方便使用。若是預算足夠，則建議升級至吸力強的誘導式除油煙機，或是訴求環保概念的水幕式除油煙機，兩者價位約 2 ～ 3.5 萬元左右。左圖＿新井實業、右圖＿安薪實業

誘導式除油煙機

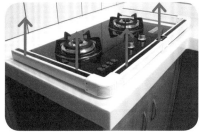

導煙機

# 怎麼杜絕蟑螂及白蟻的侵襲？

解決方案
櫃體懸空打光＋防蟑板材・防蟑封條・
防蟑落水頭＋防蟑水槽＋存水彎・除蟻 VS 清理綠苔

文———李寶怡　圖片提供———尤噠唯建築師事務所、KⅡ廚具

關於家有小強（蟑螂別稱）這回事，可說是大家共同的困擾，除此之外，還有夏天煩人的蚊子也來參一腳，到底有什麼辦法解決家裡的蟲蟲危機呢？

首先要檢視自家環境是否保持清潔？例如做菜、飲食後馬上清理的好習慣，同時每天要清理垃圾、廚餘要密封等等，萬一居家樓下或隔壁為營業用商業餐廳，建議最好家裡所有排水孔都要做防蟑處理，以免從別人家爬進來。若真的變多時，要向鄰居反應，千萬別客氣。

至於在設備上，目前防障的產品，大多不外乎：櫃體懸空打光、臭氧除蟑、裝設防蟑板材廚具或電子防蟑等。其中後三者的費用都不便宜，

因此在採購時要思量一下。

另外關於蚊子的問題，建議最好所有門窗都裝置紗窗設備，同時檢視居家附近有沒有積水問題，把水倒乾淨才能防止孑孓滋生。有些建築很喜歡在家裡設置大型戶外水池，若有養魚還好，若只是景觀使用沒有魚，設計師建議倒些茶樹精油在裡面便可以防止蚊子幼蟲滋生。另關於小黑蚊，根據衛生局的建議，清除家中裡裡外外的牆上青苔，尤其是一樓或頂樓的住戶，因無食物，小黑蚊就不易跑到家裡來。

至於白蟻問題，若在裝潢前均採防蟻建材就不用擔心。萬一真的白蟻入侵，老實講也只有請專業除蟻公司來處理才有辦法根絕。

 方案 1

## 櫃體懸空打光＋防蟑板材，不怕小強入侵

目前廚具廠商最簡單也最便宜的防蟑辦法，就是將櫃體懸空，並在櫃體下方打光，利用蟑螂負趨光性減低蟑螂接近的可能性；另一種方法則是使用防蟑板材廚具，是在板材表皮上加了特殊藥劑，散發出蟑螂不喜歡的味道，以此擊退蟑螂，效果可達 10 年，但每才就比一般板材多出上千元，價格不斐。圖＿ KⅡ廚具

 方案 2

## 防蟑封條要做確實

「隔絕」是對付小強的另一種方法，無論是地板的落水頭阻擋地，還是把餐具關好，「隔絕」才是主要的手段。而防蟑條是一大重點，但不少廚櫃廠商為了方便及省錢，在電器與廚具接觸處，都沒有做防障封條處理，導致蟑螂很容易隱藏在此，尤其是水槽和瓦斯爐下面的櫃子要特別注意。圖＿ KⅡ廚具

 方案 3

## 防蟑落水頭＋大提籠防蟑水槽＋防蟑存水彎

如果可以的話，請把「所有」地板落水頭或排水口都做成防蟑落水頭，光這樣就能阻擋大部分蟑螂了。水槽要防蟑也都是基本的，就算是買台灣的水槽，只要選擇「大提籠」款，就有防蟑功能囉！另在水漕排水管也建議換成有防蟑的存水彎設計，最好設計成可拆式能清洗，以便未來定時清理。圖＿ KⅡ廚具

 方案 4

## 找專家除白蟻，清綠苔防小黑蚊入侵

近年常出沒的小黑蚊，其食物就是牆角的青苔，建議要時常清理，同時裝設可密合關緊的紗窗紗門是。至於白蟻，建議還專業除蟻專家處理，若在裝潢時預防，可在板材進屋前施藥一次，完工後再針對所有木作櫃體、天花及木地板進行施藥，每次藥效約 3 ～ 5 年。裝潢拆除後噴佈處理以30坪面積計算價位約為3,500～5,000元，若需餌劑處理費用較高，1 個案件最少大約是 15,000 元以上起跳。圖＿尤噠唯建築師事務所

# 廁所遺臭萬年，恐怖氣味到底從哪來？

解決方案

## 當層排放・U型排水管・防蟑防臭型落水頭

文──李佳芳　圖片提供──半畝塘環境整合、AmyLee

管道間有如大樓的血管，擔任給水、排水重責大任，通常也是排氣的管道。住在大樓的房子經常有廁所惡臭難散的困擾，十之八九與管道間設計不良有關。

從廁所排風扇抽出的空氣，大多都送到管道間往上送，再從頂樓的出風口排出。如果管道間的牆壁填塞不確實，臭氣就極有可能從縫隙滲入室內。如果是使用管道間排氣的房子，第一個要檢查的就是掀開天花板，查看管道與牆壁間的縫隙是否有確實填塞，否則再怎麼抽風，廢氣還是回流到室內。此外，也經常因為施工者的怠忽，沒有將排風管接上管道間，廢氣只是抽到天花板上面，根本沒有確實排出，甚至還可能溢散到家中其他空間。

第二，則要檢視排風扇是不是虛

設，臭氣就極有可能從縫隙滲入室內。要一次根決廁所臭氣問題，最好的方法還是設計當層排放系統。裝潢時，不妨在天花板預留空間，利用上方空間安排排風管從最近的外牆排氣，原本管道間的風管口就可填塞不用。

此外，廁所內傳來他層住戶的菸味，也是讓人惱火的困擾，菸味不只會從天花板的管道間飄出，也會透過水管進入住家。水管要是發出臭氣，得要檢查看看家中水管，是否為可儲

水、排水重責大任，通常也是排氣的管道。住在大樓的房子經常有廁所惡臭難散的困擾，十之八九與管道間設計不良有關。

要一次根決廁所臭氣問題，最好能繼續運轉一會兒才停，如此就能避免「前人如廁、後人聞香」的尷尬狀況。

風扇的設計最好是在廁所關燈後，還反而成為臭氣倒灌的通道。此外，排風扇的細節，如果沒有滿足條件，排風扇反而成為臭氣倒灌的通道。此外，排夠、是否有逆止閥設計都是至關緊要

有其表。廁所排風扇的功率是否足夠、是否有逆止閥設計都是至關緊要的細節，如果沒有滿足條件，排風扇反而成為臭氣倒灌的通道。此外，排風扇的設計最好是在廁所關燈後，還能繼續運轉一會兒才停，如此就能避免「前人如廁、後人聞香」的尷尬狀況。

水防臭回逆U型管。

**你可以這樣做**

 **方案 1** 當層排放，
斷絕管道間臭氣干擾

在裝潢時，最好要求師傅及設計師在天花板上方空間安排風管從最近的外牆排氣，原本管道間的風管口就可填塞不用，避免空氣品質受到管道間影響。

圖＿半畝塘環境整合

---

**方案 2** 將 I 字型排水管改為 U 字型

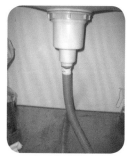

I 字型水管代表水管沒有存水彎，無法將水留在管內阻絕空氣，臭氣當然長驅直入，解決方法是建議可在明管部分加上 U 字型設計。如果是 U 字型水管溢臭，則可能是被雜物或油污塞住，或嚴重點是存水彎設計不良，導致水封被主幹管帶走，也可能是水管內水封乾涸，導致菸味有隙可鑽。若 U 型水管被油污塞住，可用熱水放 30 分鐘，讓油污自行溶解；若是其他狀況，則最好還是找水電工。 圖＿AmyLee

---

**方案 3** 防蟑防臭型落水頭，地排氣味不回流

萬一臭氣是從地上的排水落水頭散發出來的，有可能建物本身沒有做存水彎設計，只要花 100 ～ 200 元至五金建材行購買內建水封的防蟑防臭型落水頭，問題就解決了。若是地上的排水口已有存水彎的話，別忘了定期加水。圖＿AmyLee

---

**plus+ 祕訣版** **如何挑對廁所排風機撇步**

廁所排風機的功率到底夠不夠？測試方法很簡單，只要在廁所裡點上一根菸，看看是否煙能很快地被排風機吸上去排出，如果沒辦法的話，就代表性能有待加強。

圖＿ AmyLee

# 我家浴缸邊的矽力康老發霉？

**解決方案** 使用深色矽力康・重新刮除・填縫劑阻絕

文——李寶怡　圖片提供——博森設計、金時代衛浴、家事多

浴缸邊、水龍頭接縫處、乾溼分離的淋浴拉門邊、廚房水槽接縫處的矽力康，在使用一段時間後，很容易出現黑黑的污點，其實這個就是矽力康發霉了。

或許你會覺得奇怪，明明就交待師傅用「防霉矽力康」，為什麼不到半年，仍會產生霉菌斑點呢？其實這也不能怪師傅，主要原因在於廚房及衛浴間太過潮溼，再加上洗澡用的沐浴乳及洗髮精容易與矽力康產生霉化作用的原故。

要防範廚房或衛浴間的矽力康發霉，最根本的方法，是從施工開始就要防範，像是先用傳統的矽力康，再用磁磚填縫劑在外面補上一層，同時最好再做洩水坡，讓水不停留在矽力康上，就不會讓霉菌有機可趁。

還有就是，每次用完廚房及衛浴間最好養成擦拭乾淨的習慣，讓矽力康表面保持乾燥，並在發現霉點時，就要趕快用漂白水敷在矽力康發霉處清潔或用科技泡綿去霉，但這只針對霉根淺的霉菌有效，對於霉菌根已深入或範圍很大，這招也是會無效的。

但面對懶人，如果以上步驟實在太花費時間跟精力，就是選擇黑色或深色系的廚房或衛浴，並使用黑色或褐色的矽力康，可能是最方便的方法。

但實際上，若家裡已發生浴缸邊緣霉化，也可以將原本發霉的地方用小刀刮除，重新上矽力康。若怕麻煩，也可以請專業的師傅協助，但是工錢較貴，一趟約NT.1,500～2,000元附材料。

## 方案 1　選用深色磁磚＋深色矽力康

　　市面上除了大家較常使用的白色和透明矽力康，其實還有深色的可供選擇，如棕色、黑色，即便矽力康發霉也不易看見，記得再搭配平日保持乾燥好習慣即可。但因為深色矽力康較明顯（倘若不是搭配深色磁磚），最好請專業人士施作才不會影響美觀。圖＿博森設計

## 方案 2　直接挖掉發霉處，重上矽力康

　　萬一情況已嚴重要黴菌根已深入，難用市面上的漂白水或科技泡棉來解決，建議直接刮除重上。家事達人吳靜怡表示，只要自備美工刀整條刮除矽力康發霉處，再用小型地板刮刀修掉殘留矽力康膠，用紙膠帶貼四周，以防霉的中性矽力康填入、刮刀整平即可。花費不到300元搞定。若請家事公司去除，一趟約1,500～2,000元不等。

圖＿家事多

❶小刀剃除

❷地板刮刀修容

❸紙膠帶保護＋矽力康施作

❺完工

❹刮平

## 方案 3　矽力康＋填縫劑

　　根據從事衛浴設備施工設計超過 20 年的金時代衛浴設備公司設計總監黃世文表示，想要徹底杜絕發霉問題，就是在施工時，運用傳統的矽力康做廚具及衛浴設備接縫劑時，最好再準備一個專門在為磁磚填縫的「填縫劑」隔絕。

圖＿金時代衛浴

# 早上醒不來？有沒有戒掉賴床的辦法？

**解決方案**

## 迎接日出・臨窗設計・透光簾・電動窗簾

文——魏賓千、摩比　圖片提供——尤噠唯建築師事務所、德力設計、杰瑪設計

如何設計出一個空間以克服賴床？這對於長時間居住在高壓城市的人來說，絕對是一個超大難題。除了審視個人生活作息與睡眠品質外，如果可以藉由空間配置降低賴床的習慣就是一則好消息，畢竟生活作息穩定睡眠品質自然就會好，有了好的睡眠品質，自然就不需要賴床了，不是嗎？

回歸到臥房空間設計，空間的明亮度於某種程度上有提點黑夜、白天的變化意味在，三面通透的採光設計，讓家可以無時無刻地感受陽光帶來的時間軌跡，並將床設置在居家最靠東邊採光的位置，讓旭日東升時，直接感受到第一道陽光帶來的 Morning Call。

如果不行，那麼把床設置在離窗

戶最近的位置，如果還可以擁有一個深度 120 公分以上的陽台那就最好了。鋪砌南方松或是木紋磚創造一點綠意景致，這裡甚至可以化身為早餐的場所，如果每一天都可以從這裡出發，相信人們不會愛上賴床了，不是嗎？不僅如此，這個過渡空間也可成為每天的伸展運動的場域，藉此喚醒身體每一寸細胞。

除此之外，窗簾更是好幫手，不但可以決定了房間的明亮度，於是發展出所謂的雙層窗簾設計，以及透光捲簾等產品。如果預算充足，可安裝電動窗簾並設定時間。當時間一到時，窗簾如同鬧鐘般會自動開啟，把陽光迎接進來，晒得你不得不爬起來，離開床鋪，開始新的一天。

 **方案 1**

## 把主臥設置
## 迎接日出的方位

如果不被外在建築物阻擋，一般而言，位於房子東側的房間會先感受到太陽升起的光影照射。因此在此設置睡眠區，就能被太陽公公叫起床。以台灣北部大約 6 點半的日出時刻計算，7 點左右可以感受到太陽光線直射入房的神奇力量。但此法不適用於都會區低樓層。圖＿杰瑪設計

 **方案 2**

## 將床臨窗邊，
## 讓陽光晒得到床

一般來說對外門窗不可任意變更，因此將床規劃在臨窗邊的位置。若是落地窗更佳，因為接受陽光照射面積較大，直接將自然光源的光與熱能，穿透玻璃窗而直射至床上，讓躺在床上的人體因為感受紫外線的熱度及刺眼的陽光而起床。圖＿德力設計

 **方案 3**

## 善用透光布簾或捲簾設計，
## 讓晨光透進來

運用具遮光效果的透光布簾，或透光捲簾，雖然可以遮去 80% 的陽光，以防晒阻熱，但同時也因布簾或捲簾的透光性，當黑夜遠去，朝陽東昇時，自然慢慢地增加陽光的強度，將光從透光簾穿透進來，讓人感受到光而清醒過來。圖＿尤噠唯建築師事務所

 **方案 4**

## 運用電動窗簾取代鬧鐘

透過定時設定，讓電動窗簾在早上時間一到便啟動開窗，讓陽光直射進房間叫人起床是不錯的 idea。以電動羅馬簾高 110×270 公分的電動對開布簾，選擇國產馬達及 1 組遙控裝置，只含安裝，但不含布料 (各式布料價格差異大) 及電源配線 (若沒預留則需請水電再做迴路及配線)，其價位約 1 萬 5000 ～ 2 萬元。不過，電動窗簾又分電動對開簾及羅馬簾等，操作方式又分按鍵型及遙控型，且進口與國產馬達價位差異大。圖＿尤噠唯建築師事務所

# 好想減肥有成的辦法！

解決方案

## 規劃運動區・泡澡浴缸・體重計及鏡子

文———李寶怡　圖片提供———大湖森林設計、匡澤設計、成大 TOUCH Center

在這個講求「瘦即是美」的時代，似乎什麼東西跟「減肥」沾到邊，都會變成狂銷商品，由此可見有多少人想減肥卻減不下來。到底要怎麼做，才能徹底減肥呢？

坊間有許多減肥方法及運動，但最重要的觀念是自己有沒有下定決心要減肥，還是只是口頭上說說而已，遇到美食就放棄，運動更是三天打魚兩天曬網，如果抱持這樣的心態，就算買再好的設備或再棒的減肥妙招，用在這人身上也是白費。

除了自我約束，在環境及設備上也能協助達成目標。在空間設計上輕食廚房是最完美的搭配；每天要做適度的運動，可以慢跑、自行車等，若怕下雨的話，在室內架設慢跑機、飛輪等設備或是找個舒適地方做瑜珈都是不錯的選擇。

做完運動最好沖個澡，活絡血液循環，並對身體充分按摩，透過揉捏、拍打過胖的部位（聽說泡澡最有效），讓肌肉舒展不緊繃，反而容易促成代謝，而達到瘦身效果。接著一定要每天量體重，做紀錄以便擁有對減肥的意識。並要對著鏡子說：「我一定要瘦！」即很快就可以知道成效好不好。但切記，若減肥成功後，仍要持續以恆，千萬不可跑去大吃大喝地慶功，會慶功不成而「破功」！

## 方案 1　家中設置每天定時運動區

運動一定要持續，並且最好定時定量。因此除了戶外活動外，若怕下雨，可以在家裡的零星空間擺上一台健身器運動，空間可以是客廳、臥室或是彈性書房等，再高檔一點透過投影布幕與機器互動，可以邊騎邊看風景或電影，運動不無聊，或找一塊空氣新鮮的平台做做瑜珈，也是不錯的 idea。

左圖__成大 TOUCH Center、右圖__大湖森林設計

## 方案 2　浴缸泡澡，提升體溫有助減肥

就中醫講「體寒」的人容易肥胖，尤其是大熱天手腳仍冷冰的體質就要注意了。每天養成泡澡的習慣，或運動後泡澡，讓胸部以下泡入 38 ～ 40 度的溫水中，可加速皮膚乾燥時氣化熱的散發，20 分鐘即可消耗 200 卡路里，同時因此而增加呼吸次數，達到瘦身的效果。另泡澡時的以手掌由足踝往小腿及大腿方向的按摩，更可以讓長期緊繃的腿部有也會有舒壓的功效，更適合雕塑下半身的完美曲線。

圖__大湖森林設計

## 方案 3　體重計及鏡子，每天強化「我要瘦下來」決心

除了浴缸及運動休憩區外，最好在家裡擺放體重計及鏡子，可以是玄關或是臥室門口處。然後每天都要稱重一下，並做好紀錄，才能管理好自己的體重變化。並且在每天出門前最好也對鏡子說：「我要瘦下來」，如此才能強化自己的決心，達成減肥的目的。圖__匡澤設計

# 上廁所是苦差事，要如何避免便秘？

解決方案

## 溫水輕刺激 + 暖座好放鬆，免治馬桶幫大忙

文——李寶怡　圖片提供——杰瑪設計、金時代衛浴、寬空間設計美學

雖然很難啟齒，但是若每天排便不順暢，也的確會大大影響身體機能，以致心理不舒服。而且便秘若一直放著不管，很容易就會變成痔瘡，就十分麻煩了。所以每天保持良好的排便習慣及健康的飲用水及進食功能、除臭功能、就坐感應等等，這外，還有一個很好用的工具，就是免治馬桶。

根據專家的研究顯示，每天在方便之後用常溫的水沖洗肛門五分鐘左右就可以大大的改善肛門的血液循環，不但有助於身體的衛生和防治疾病的發生，並且能夠緩解便秘的情況，讓排便通順。而且免治有自動洗淨功能，對家有行動不便的老人或已得痔瘡的人，省去抬屁股回頭擦拭及紙面摩擦患部的疼痛，十分好用。尤其是冬天使用，真的是一大享受。

要購買免治馬桶前，可以選擇和跳。

家中馬桶的品牌相同的產品，在尺寸上以及規格上會較吻合，否則，得先確認家中馬桶尺寸，以便挑選符合的機種。再來是思考所需的功能，是要基本款的溫水沖洗，抑或還要有暖座些都會影響免治馬桶的價格。

一般來說，國產的較進口日系產品便宜，但功能及外觀上也會有差。以基本款來說，國產的較進口日系產品便宜，但功能及外觀上也會有差。

以基本款來說，國產從6,000～8,000元就有了，安裝到好；若要添加其他功能，如無線遙控、前後沖洗、多段水流控制、暖座功能、自動清洗噴嘴、省電裝置、緩降馬桶蓋等等價都1萬元以上。進口產品，還多了體溫感測、自動除臭設備等，從3萬元起

**方案 1** 購買前，
量好家中馬桶尺寸、牆櫃距離

最好先量家中馬桶的尺寸，包含外徑與內徑，還有離後面水箱的距離，另外就是馬桶距離側邊牆壁及浴櫃的距離，若太近的話操作面板附在馬桶上的機種便放不下，可能必須採購遙控器或紅外線感應機種。圖＿杰瑪設計

 **方案 2** 面板最好再貼
卡典西德做防護

另外在保養方面，所有免治馬桶都會註明不可沖水，是因為有控制面板的關係。建議最好安裝完，還是貼一層卡典西德來做面板按鍵的防水。平時用抹布擦拭即可，萬不得已必須用水沖洗的話，建議最好要由上往下淋，不要由下往上沖，水會進到免治裡而導致機體壞掉。

圖＿金時代衛浴

 **方案 3** 地線、插座電線及
水管要確實接好

安裝部分，無論是請人來裝或 DIY，最好依廠商安裝指示安裝，除了馬桶旁要有插座及水管要接好外，馬桶座的綠色地線要拉好，一般是纏水龍頭的金屬部分就可以了。圖＿寬空間設計美學

chapter 6:

# 生活創意的煩惱

Q091-100

# 我要化妝美美，卸妝乾淨的空間！

解決方案

## 注意色溫 + 側燈·圓形燈泡，黃光白光交錯

文───李寶怡　圖片提供───尤噠唯建築師事務所、杰瑪設計

**女**人化妝就如同一門藝術，先從師所擅長運用的打光技術，透過補光、調光、散射、衍射等技巧，勾勒出被拍攝的人清晰柔美的五官輪廓，並修飾遮蔽皮膚上的瑕疵，進而展現出纖細完美的膚質和氣色。後來也運用在平面攝影裡，利用保麗龍板加上一塊錫箔紙做成反光板，再加柔光紙，就能達到光線柔和的感覺，遮掩臉上的小瑕疵，讓被拍的人皮膚更好，看起來更光鮮亮麗。

保養開始，化妝水、乳液、精華液，等保養液全數吸收到肌膚後，再開始透過隔離霜、**BB**霜打底、遮斑、上粉餅、蜜粉定妝、腮紅、眼線、眼影、假睫毛、口紅、唇蜜……等等，跟室內裝潢設計一樣的大工程，一點也不能馬虎。因此，擁有一個專屬的化妝台是必要的。

一般在室內設計裡，化妝台是設置在主臥區域，有時跟著床頭延伸，有時則是利用床邊邊桌設計，甚至設計在衣櫃旁或更衣室內。但無論如何，想要化出美美的妝扮，除了好用的化妝台外，化妝台上的燈光設計也是很重要。

很多女主人會指名要求化妝台一定要打「蘋果光」的需求。其實「蘋果光」本來是電視攝影棚內專業燈光

後來不知怎麼就延伸至空間設計裡。一般來說，在化妝台上方設立暖白光色系的燈光設計便已足夠了。若怕鏡子上方的燈會讓照在臉上的光線分布不均勻，也可以在化妝鏡兩側考慮加裝燈是最為明智的方法，但是要注意燈光的亮度盡量與自然光接近，不宜過白或過強且要均勻，才不會失真。

**方案 1**
## 色溫在 3000 ～ 3500K 的燈＋鏡面兩側燈

　　化妝台的燈最好選用色溫在 3000 ～ 3500K 的 LED 小嵌燈，或是投射燈就足夠讓女生在化妝台上照鏡子都呈現美美且粉嫩的氣色。避免從頭頂打下的燈，會讓臉色看起來陰影太重，可以在鏡面兩側再加燈管或燈泡，就足夠了。圖＿尤噠唯建築師事務所

**方案 2**
## 圓形燈泡能讓光更均勻地照在臉上

　　專業的彩妝室多會用球型，且玻璃有噴螢光粉的燈泡排成一列來取代一般燈管，並且不用螺旋燈泡，是因為球型燈泡所投射出來的光可以更均勻的照在被照射的人物上。若怕燈光會過亮或過熱，坊間有賣調光燈泡就可以解決了。圖＿尤噠唯建築師事務所

**方案 3**
## 避免全黃光或白光，交錯搭配最貼近自然光源

　　當化妝室光線比室外亮時，黑眼圈會變明顯，但也可以更看清楚皮膚細部的暗沉粗糙去作遮瑕改善。因此建議臨窗位置的燈泡高度，最好要放在眼睛再上方的高度至少 170 公分以上，就不會容易有黑眼圈的問題。至於燈泡排列，不一定要全白光或黃光，可以用白－黃－白，或黃－白－黃一字排開去排列，較接近自然光源的燈光。圖＿杰瑪設計

# 裝修前，不知如何開始跟設計師溝通？

解決方案

## 圖像對比溝通法・條列式溝通法

文───李寶怡　圖片提供───尤噠唯建築師事務所

其實設計師講話話述語跟一般人沒兩樣，差別是專業領域不同，在轉述自己的想法時，會有點落差，透過你來我往的溝通，才能把彼此想法及考量傳達清楚，最後完成作品才會愈接近自己想要的目標。但若是跟設計師講不到二句，便談不下去，或是每次要講話，就被設計師打斷，那麼建議還是換一位可以跟你談，並了解你想法的設計師會比較實在吧！

而且在找設計師前，先問問自己想像中的家必須要有哪些條件？

掌握5W（What、When、Where、Why、Who）跟1H（How）的精神，先把自己的想法過濾後，再找設計師。

而關於與設計師闡述自己心目對家的想像，有二個不錯的溝通招術可以學習：把想法條列化，及搜尋相關圖片來輔助說明。

## 你可以這樣做

| 思考方向 | 思考內容 |
|---|---|
| 實際情況 | 坪數＿＿、地點＿＿、居住人數＿＿、年齡層＿＿<br>房子狀況＿＿（壁癌或漏水、有無違建、管線是否全部更換） |
| 裝修需求 | □全屋裝修　□局部裝修 |
| 格局要求 | □陽台 □玄關 □客廳 □餐廳 □廚房 □浴室<br>□主臥 □書房 □兒童房 □父母房 □其他＿＿＿ |
| 機能需求 | 玄關／要多大，才能裝得下全家人的鞋子？<br>客廳／要不要電視櫃？要跟書房結合嗎？<br>餐廳／桌子要圓的或方的？要放餐廚櫃或電器櫃？<br>廚房／採開放式好或密閉式？或設計吧台？<br>浴室／要不要泡澡？要乾溼分離嗎？要不要做浴櫃跟鏡櫃？<br>主臥／要放電視嗎？衣櫃還是更衣室？要不要梳妝台？需要床頭櫃嗎？<br>兒童房／一人一間？兩人一間？單人床或上下鋪？ |
| 裝潢預算 | □ 100 萬元以下 □ 100～200 萬元 □ 200～300 萬元<br>□ 300 萬元以上 |

方案 1　圖像對比溝通 + 條列式溝通

找出你所喜愛的空間風格圖片，標註起來提供給設計師。再從實際情況、全室或局部裝修、格局、預算，四個方向預先思考，並羅列出具體數字與描述，讓自己與設計師更清楚溝通。

plus+ 提醒版

### 請設計師要花多少錢？

想請設計師裝潢家裡，通常要準備三筆錢：第一是丈量設計費，第二是監工發包費，第三是支付建材費用。以目前台北市內中古屋超過 30 坪老房子，設計師每坪 6,000 元來計算，光設計費便 18 萬元。若包工程監工，還有監工費。這些都要事先弄清楚。

# 想手洗衣服時，難道只能蹲在浴室地上？

解決方案

## 斜角 45 度的洗手台・陽台凸窗內嵌水槽

文———李寶怡　圖片提供———大湖森林室內設計、同心綠能設計

你都怎麼洗貼心衣物或是貴重衣物的領口、袖口呢？直接放入洗衣機，容易被拉扯而減短壽命，因此最好的方法，就是手洗。

但許多家中大多沒有多餘的空間設置手洗槽，最常見到的，就是蹲在浴室地上，就著地板清洗。也因此，手洗衣物對許多人來，都是十分受罪的工作。

因為如此，開始有些聰明的屋主或設計師，利用後陽台的鐵窗下方，除了部份做為收納，同時也將不鏽鋼洗衣槽嵌入。然而在位置的選擇上，得和原先用水區靠近，如洗衣機旁、或客用廁所邊，共同一個出水水龍頭，不必再牽管線。若不想在後陽台設置，浴室的洗手台可採用泥作設計，規畫 45 度斜角，取代洗衣板的角色，充滿一物多功的創意。

---

你可以這樣做

方案 1 　設計斜角 45 度的馬賽克洗手面盆

由於屋主的年紀較大，怕一般吊懸式水槽在結構支撐上有危險，以泥作方式砌出洗面台，並將水槽內設計 45 度斜角，以馬賽克面磚取代傳統洗衣板，讓屋主輕鬆手洗貼身衣物。

圖＿大湖森林室內設計

方案 2 　陽台凸窗設計嵌入水槽

將陽台凸窗的平台做成嵌入式的水槽，不佔原有的後陽台空間，其高度恰好成為一個可站立的洗衣角落。圖＿同心綠能設計

# 有沒有結合計算卡路里的貼心家電設計？

解決方案

## 智慧型冰箱＋互動餐桌・手機拍照計算

文———李寶怡　圖片提供———成大 TOUCH Center

健康生活，應從飲食做起。但是怎麼做呢？

才落幕的2013年美國拉斯維加斯國際消費電子展，韓國三星推出一款能透過無線網路及冰箱上面的10吋觸控營幕，就可以在上面直接查詢菜單並網購，並可以顯示每個冰箱食材的卡路里，已算是十分先進了。但成功大學的TOUCH Center卻早在一年前就已研發一組「智慧餐桌」，透過食物的二維條碼，就可以紀錄每樣食材的保存期限和熱量等相關資訊。算是目前最先進的技術，目前為研發階段，尚未開發出產品，但後續發展令人期待。

在智慧型冰箱及餐桌尚未產品化前，或許手機APP可以先行協助。美金2.99元付費的「MealSnap」算是較多人下載的應用軟體，iOS及Andriod都可使用，只要對著食物拍張照，就可以計算出你可能攝取的卡路里哦。

你可以這樣做

全家菜單
Family Diet Plan
建議攝取卡路里：1819 卡

方案 1

### 將卡路里計算程式寫進餐桌的 idea

由 TOUCH Center 研發的這套智慧餐桌，主要是在餐桌嵌入一觸控營幕，並透過互動式軟體，將食材的二維條碼掃瞄後，紀錄食材採購日期及卡路里，供使用者在桌面上查詢及管理。圖＿成大 TOUCH Center

方案 2

### 用手機拍照直接計算卡路里管控法

由 Daily Burn 公司推出的 Meal Snap 能支援 iPhone 及 Andriod 手機，主要功能就是透過手機對食物拍照後，對比其內建約 5 萬筆食物資料來推算熱量。軟體還提供飲食習慣統計及健康建議，全英文。可惜食物資料庫仍有限，導致熱量推估有很大的距離，但在智慧型冰箱及餐桌推出之前，可暫時取代。圖＿ AmyLee

MEAL SNAP

Meal Snap

daily burn

# 在家也想賺錢，如何網拍賺外快？

解決方案

## 充沛光源・素色背景・工作平台

文———摩比　圖片提供———德力設計

在家進行網拍事業的屋主，除了網路頻寬要夠要穩定外，就是需要一個中性寬敞且大小不一的攝影棚。而具有充沛自然光來源的攝影棚是基本條件之一。

為了控制進入屋內的光源，在窗簾規劃設計上可分兩個方式進行，其一是光源條件不好的空間，可選用具調整光源效果的百葉、木百葉、百折紗、羅馬簾、風琴簾等。如果是光源條件極佳的空間，可能就必須配搭透光度低的窗簾，讓室內空間（攝影棚）有更多光源變化。

其次，就是整體空間的配色，通常素色背景最能襯托商品，選擇以牙色為空間主色調的做法最為便利。燈光的部分，可使用現有的檯燈或外閃作為光源，但數量最少要有二，才能安排主、副燈，檯燈的燈泡建議使用演色性佳的晝光省電燈泡。

你可以這樣做

方案 1
### 擁有充沛的自然光來源

充足的光源是攝影拍得好不好的第一條件。如果沒有陽光，那麼善用檯燈或外閃左右配置，及珍珠板擋光，也有相同效果。

方案 2
### 以純白或牙色空間，讓背景單純

家中的色調以淺色為佳，或選擇一個背景牆，以純白或牙色做為拍攝物的襯底。

方案 3
### 可以後置處理及上網的工作平台

建構居家的上網環境是必須的。同時如果有專屬的電腦平台，將拍出來的照片馬上修片，並丟至網路上速戰速決，才會有效率。

plus+
升級版

### 用全光譜燈泡，室內攝影必備的絕佳幫手

網拍，照片決定一切，因此拍攝很重要。一般燈泡在未打閃光燈，且調過白平衡的情況之下，拍出的商品顏色仍會偏藍，較無法呈現真實色彩。因此建議不妨選擇全光譜燈泡，市售價27W約225元。

# 運氣不好，有沒有最快改運法？

解決方案　**黃色樂觀·紅色人際·藍綠舒壓·棕色安穩·粉色柔情**

文———李寶怡　圖片提供———大湖森林設計、杰瑪設計、養樂多木艮

生處在台灣居家環境中，因為教育環境的關係，對色彩認知較心性。

低，再加上生活壓力大，當有機會布置家裡時，總會保守地運用白色系或是中性淺灰色系，對其他色彩總是敬謝不敏。其實根據國外色彩心理學研究發現，色彩能提升人的知覺感受，把生理反應明顯增加，進而讓心情轉換，行為反應也會跟著不同。相較其他更動隔局或搬家換環境等，所花費的時間跟金錢也較簡單不費力，是最快的改變心情方式。

但是並非在家裡找一面牆漆一漆，或貼上喜歡的有色壁紙，就可以改變心情，讓運氣轉好。設計師表示空間配色問題，其實還涉及天花板及地板的顏色。若天花板及地板選擇白色及淺灰、淺米或咖啡等大地色，則牆面可以大膽地運用色彩讓視覺突顯。但若天花板及地板已用色，建議牆面還

是選素雅色彩，才不會干擾居住者的心性。

到底在家裡怎麼配色改運呢？首先要先確定你想改變的是什麼？舉例說明，工作性質容易上火脾氣大，甚至有高血壓之慮，那麼建議可以在客廳裡漆上淺藍色系，因為讓心情平復冷靜；如果你發現家裡人總是食慾不振，自己也提不起勁在家做料理，設計師建議在餐廳製造溫暖氣氛的橘紅色，能夠引起食慾。另外，若有失眠睡不覺的人，則建議可以考慮綠色在臥室裡。若自己很容易陷入悲觀想法的人，那麼在客廳運用鵝黃色主牆是不錯的idea。另外，就個性而言，像是個性好動活潑的人，室內顏色選擇藍色系或大地色能讓平靜下來。至於這些色彩配置上，設計師主張採色彩與白色空間比3：7，可讓人眼睛一亮，且不易造成視覺及空間壓力。

 方案 1　讓自己變活潑，樂觀進取，
黃色系較佳

　　黃色是色彩學裡的百憂解，代表直覺、明亮、外向、開放，因此非常適合運用在需要引人注意或特別強調的地方，像是客廳及玄關主牆上，讓人在視覺上容易將心情轉換成樂觀正面思考。圖＿大湖森林設計

方案 2　增加自我人際關係，
鵝黃色、紅色系及粉紅色較佳

　　喜歡找人來家裡，或拓展人際關係，建議不妨在客廳或餐廳的主牆上運用紅色系，展現熱情、自信及好客外，最重要的是紅色系有提高食慾的想像空間，更顯得空間有高貴、歡樂的氛圍。圖＿養樂多木艮

方案 3　舒緩壓力及治療失眠，
淺綠色及藍色較佳

　　綠色是最能讓眼睛放鬆的一種色彩，尤其是亮綠色代表著平衡、聰敏、豐盛及治療的能力，適合運用在客廳及臥室。藍綠色更能呈現雙倍的寧靜特性，讓人靜下心來快速入眠。圖＿杰瑪設計

方案 4　改善自己情緒起伏別過大，善於思考，
藍色較佳

　　藍色帶給人的感覺是寧靜、祥和的氛圍，而且根據美國色彩學驗證，藍色有抑制神經興奮、安定心情、降低血壓的作用，對於老人家及小孩有正面的情緒穩定效果，若家有考生更有提高學習吸收力，因此適合運用在客廳或臥室、長親房、男孩房、書房等空間裡。圖＿大湖森林設計

方案 5　尋求心靈平靜安穩，大地色較佳

方案 6　改善夫妻及男女關係，
選擇粉紅或粉紫系

　　保護色濃厚的大地色系，包括棕色、米色及木頭的咖啡色，因為它的用色讓人覺得不張揚、安全穩定的情緒，因此適用在各種空間裡。而且選擇大地系的人，做事情習慣一步一腳步，因此在理財觀念上也通常會小有收獲。
圖＿大湖森林設計

　　粉紅色或粉紫色在心理學代要柔和與純真、激情，甚至有醫學報導指出，粉紅色會讓皮膚散發健康色彩，因此很適合運用在主臥設計，或單身女子的房間裡，代表溫和、幸福及順和的色彩。
圖＿養樂多木艮

# 怎麼讓我看起來愈來愈年輕？

解決方案

## 養寵物・吃早餐・大笑・交朋友・充足睡眠

文───魏賓千、李寶怡　圖片提供───尤噠唯建築師事務所、杰瑪設計、大湖森林設計、寬 空間美學設計

俗話說：「心態好不易老。」因此保持良好且正面的心態，很重要。雖說，以目前的醫療技術並沒有永保年輕的藥方，空間設計也沒有。但卻可以透過環境的改善，及營造出舒適明亮的生活空間，讓居住在裡面的人可以放鬆心情，享受生活，讓腦波發出掌控愉悅的阿法波（α波），更有減緩老化的可能性，像是泡澡做SPA，或擁有一個容易入眠的臥房等，這些都是由內而外，透過心境的改變，而達到身體的改變。

當然，在針對「讓我看起來愈來愈年輕」的務實性空間設計上，就是打造一個能檢視自己體態，並透過服裝或化妝修正的空間，那就是結合鏡子、化妝台、衣櫃或更衣室，甚至浴室的專屬空間。

以往，化妝檯在空間裡都是很中規中矩地，安置在房裡一角，或是床頭櫃旁邊，但在開放式空間的思維裡，化妝檯就像洗手台一樣，是可以被單獨抽離，不再附屬於臥房；它可能被併入更衣室，或是走進浴室裡，與洗手台結合，讓梳妝打扮與挑選衣物、洗浴等動作接著進行，節省時間。當著裝完畢，出門前，還可以透過玄關的儀容鏡再次確認，確保自己在人前人後都是帥哥與美女。

方案 **1** 養狗或養貓，年輕 1 歲

**對應空間：專屬的寵物空間。**

　　有醫學報告指出，有飼養寵物，且每天與之說話的人不易罹患精神疾病，也比較容易保持樂觀態度。圖＿杰瑪設計

 方案 **2** 每天定時吃早餐，年輕 1.1 歲

**對應空間：便利的早餐吧台。**

　　主要是補充纖維與水果，至於含有大量油脂的漢堡或薯餅並不含在內。圖＿寬 空間設計美學

方案 **3** 大笑，年輕 1.7 歲

**對應空間：更衣鏡、浴鏡、玄關儀容鏡。**

　　常常照鏡子也是愛護自己的方法之一，可以觀察到臉部的情緒變化。平日盡可能開懷大笑，可以降低情緒焦慮，反應在臉上或心裡自然就年輕許多。
圖＿尤噠唯建築師事務所

 方案 **4** 交朋友，年輕 2 歲

**對應空間：專屬衣櫃。**

　　好好的打理自己，衣著得宜的走出門交朋友吧！交遊圈廣，人際脈絡就會愈廣，而情緒壓力也愈能獲得抒解。圖＿尤噠唯建築師事務所

方案 **5** 充足睡眠、泡澡，年輕 3 歲

**對應空間：促進血液循環的泡澡浴缸，舒適的床。**

　　最好一天能睡 7 小時，優質的睡眠能讓身體自然產生更多的成長荷爾蒙，而成長荷爾蒙是抗老化最重要的化學成份。圖＿大湖森林設計

# 有沒有讓我存得了錢的空間設計？

解決方案

## 就在門口放個聚寶盆吧！

文──李寶怡　圖片提供──尤噠唯建築師事務所、大湖森林設計

關於存錢這件事，涉及到每個人的理財心態：有人主張「今朝有酒今朝醉」，因此習慣一拿到錢就花光光，添行頭、添生活品質，或為情緒找發洩的出口。也有的人一拿到錢就每筆存起來，除了生活所需外，其他的一點也捨不得花。

其實過與不及都不好，如何合理運用金錢，就考驗著每個人的智慧。但就空間而言，想要讓自己存得下錢來，設計師們提供一個暨科學又簡單的方法，就是在門口放個「聚寶盆」。

什麼是聚寶盆，其實說穿了也很簡單，就是在一入門處，放置一個有深度的碟子或收口的盆子。一般來說玄關會比客廳好。每天回家的第一件事，就是把身上所有零錢拿出來，說玄關會比客廳好。每天回家的第一件事，就是把身上所有零錢拿出來，

放入盆子或碟子裡，一直累積到滿後，清算再存入銀行。但記得要留「母錢」淺淺地鋪在聚寶盆底部，以便持續吸金。這種「積少成多術」很快可以看到成效。建議最好全家人一起設定目標，共同累積，不但可凝聚家人情感外，累積速度會超乎想像地快速。

至於風水老師說的：「在財位放置裝滿錢幣及紙鈔的聚寶盆、水晶洞的天珠、流動活水的水缸、有九宮八卦的綠色盆栽，或在桌上放置五色外國錢幣的真鈔……等。」因涉及個人風水與命盤問題，不在空間討論範圍內。另外，空間裡，哪裡適合藏匿個人的私房錢？這種跟家人諜對諜的遊戲，要自己去尋找發挖，請原諒設計師沒法子提供協助！

方案 1 在玄關放置零錢筒聚財

想讓自己存錢，可在玄關及腰處放置好看的零錢筒或碗盤，並養成回家就把身上零錢拿出來存的好習慣，馬上就可看到積少成多的效果。圖＿尤噠唯建築師事務所

方案 2

選對聚寶盆形式，財富累積更快速

一般來說，要當聚集零錢筒的「聚寶盆」形式很重要，必須視家人數而定。若家裡只有二人，漂亮的淺盆即可；若一家四口，建議可選用中型有點深度的瓷甕，或是只進不出的漂亮存錢筒，才能確保零錢只進不出。另外，選擇金色、銀色、黃色或紅色，再搭配燈光設計，讓人一進門可見，就不容易忘記。左圖＿大湖森林設計、右圖＿尤噠唯建築師事務所

# 信用卡不再忘了繳 VS. 增加中獎機會的設計？

解決方案

## 入門帳單櫃，及把發票、樂透放在明顯處提醒

文——李寶怡　圖片、空間提供——杰瑪設計、尤噠唯建築師事務所

是不是每次都要等到過期，或收到下一次信用卡帳單，才知道又要多繳循環利息及罰款了？或者統一發票已經很久沒有對了，其實只要善用空間及一點小工具，你就可以徹底擺脫這種命運的。

不妨在家的入門處設置帳單櫃。每當回家時，就將帳單、收據都拿出來，放在玄關櫃的單一抽屜裡，每星期整理一次。帳單的部分，依繳款期限最近排到最遠，並將最近要繳的那一張放在最上層。出門時，打開抽屜觀確認一下有沒有待繳單據。

如果自己是很容易健忘的人，那麼抽屜式整理法就不適用，可改為顯眼的方式處理。就是在家裡設置一個帶磁性的留言板，運用強力磁鐵，將每天的帳單及發票陳列其上，如此一來就不得不正視了。

## 你可以這樣做

方案 1　在門口設計帳單櫃

在門口設置一個專屬的帳單櫃，每星期固定一天或一個時間整理一次，以便清楚知道自己何時要繳錢？何時要對發票？圖_杰瑪設計

方案 2　設置好用的磁鐵留言板

在平時常走動的牆面上設置磁鐵留言板，搭配文具店購買的釹鐵硼磁鐵（約 30～40 元／個），將帳單發票歸類，黏貼在留言板上。圖_尤噠唯建築師事務所

方案 3　善用智慧型手機的應用軟體做提醒

運用智慧型手機的內建行事曆功能，並將繳費期限提前一天提醒，是不錯的 idea。但若怕自己搞不清楚，又不想公私事混在一起，那麼有一款「繳費小幫手」APP 應用程式，免費又全中文界面，好操作，可以試看看。圖_ AmyLee

# 遙控器太多好麻煩，老是一轉身就找不到？

解決方案

## 數位家電手機整合‧手機變身萬用遙控器

文——李寶怡　圖片提供——太和光股份有限公司、成大 TOUCH Center

拜智慧型手機所賜，一直以來家中遙控器過多的問題，如今都可以被整合在手機裡。試想，從工作場所回到家前，你就可以先透過智慧型手機內建的遠端控制應用程式，預先開啟家中的空調設備，回到家之後，你只須坐在沙發上，就可透過智慧型手機遠端操作智慧電視、開啟客廳電燈、拉下窗簾，甚至可設定安全監控系統，輕鬆掌控家中一切事物。

目前國內廠商推出，像是HTC Sense TV可以整合到電視、機上盒及家庭劇院設備，而TLlight公司推出的Lazy@Home，則透過一紅外線智慧整合主機及APP應用程式，將其內建的所有家電資訊，與智慧型手機比對後，即可整合家裡的紅外線家電設備，甚至燈光及冷氣機，如此一來就不用再為找「正確」的遙控器而煩惱了！

## 你可以這樣做

方案 1　安裝數位家庭系統，讓手機整合家電設備

數位家庭系統已在市場上行之多年，藉由控制面板及幾個簡單按鈕，將燈光、窗簾、空調、影音視聽系統、門禁保全系統，還有撒水設備、電力控制、遠端監控…等做整合，並透過智慧型手機用Wifi或3G下指令到家裡的控制主機，開啟家用設備。預算部份，光是基本的燈控、空調、窗簾和視聽整合，約要 30 ～ 40 萬元以上。
圖__成大 TOUCH Center

方案 2　智慧型手機，變身萬用家電遙控器

在以往智慧型手機最多只能整合到遙控電視而已，直至HTC Sense TV 已整合到電視、機上盒及家庭劇院設備。而TLlight 公司推出的 Lazy@Home，透過一台主機將家用電器整合，再經由智慧型手機傳輸及簡單設定。即使換家電，只要再將產品型號再傳輸一次，就可寫入手機使用，價格約在1,500 ～ 2,100 元之間。圖__太和光股份有限公司

主機

# 居家達人總動員

製作這本書，要感謝眾多的居家界達人慷慨地借調資料、不厭其煩地一再被詢問，並將他們的私房密技分享出來，盡其所能提供紮實又好用，解決各種居家生活煩惱的經驗及創意！（以下排序依筆畫順序羅列）

設計師

◈ **大湖森林室內設計** ▶ 柯竹書、楊愛蓮　02-2633-2700

◈ **尤噠唯建築師事務所** ▶ 尤噠唯　02-2762-0125

◈ **王俊宏 W.C.H INTERIOR DESIGN** ▶ 王俊宏　02-2391-6888

◈ **六相設計研究室** ▶ 劉建翎　02-2796-3201

◈ **半畝塘環境整** ▶ 半畝塘環境整合工作團隊　04-2350-5182

◈ **匡澤空間設計** ▶ 黃睦傑　02-2751-8477

◈ **同心綠能室內設計** ▶ 徐薇涵　0926-345-957

◈ **邑舍室內設計** ▶ 呂玉玫　02-2925-7919

◈ **杰瑪室內設計** ▶ 游杰騰　0975-159-798

◈ **幸福生活研究院 Happy Studio** ▶ 翁振民　02-2393-6013

◈ **直方設計** ▶ 鄭家皓　02-2357-0298

◈ **SW 思為設計** ▶ 施翔騰、徐文芝　0918-002-522、0970 - 584-889

◈ **將作空間設計 & 張成一建築師事務所** ▶ 張成一　02-2511-6976

◈ **博森設計工程** ▶ 潘龍　02-2633-9586

◈ **郭文豐建築師事務所** ▶ 郭文豐　03-932-7364

◈ **森林散步空間工作室** ▶ 林郁華　04-2287-5277

◈ **德力設計** ▶ 許宏彰　02-2362-6200

◈ **寬 空間設計美學** ▶ 朱俞君　02-2547-5525

◈ **養樂多木艮工作室 MUGEN** ▶ 詹朝根　0921-152-448

◈ **馥閣設計** ▶ 黃鈴芳　02-2325-5028

◈ **內喬實業**　02-2298-0316

建材設備工程達人

◈台亨貿易有限公司　02-2648-8226

◈安薪實業 ▸ 李水源　02-2521-1007

◈成大 Touch Center ▸ 楊家輝教授　06-275-7575

◈志成國際（Panasonic）　04-2326-0669

◈金時代開發國際有限公司 ▸ 黃世文　02- 2719-8068

◈信尚國際有限公司　02-2571-6196

◈家適美隱形鐵窗　07-815-1888

◈誠峰環保工程 ▸ 康如琇、朱志慈　03-350-1785

◈尊櫃國際事業（KⅡ廚具）▸ 陳育書　02-2792-1120

◈瑞銘安全健康綜合建材 ▸ 蔣瑞珍　02-8792-8278

◈富三企業　04-2421-3666

◈新井實業　04-2358-5678

◈漢峰精緻門窗　02-8285-3420

◈露天拍賣 Sealgap ▸ Sealgap　0928-612-055

居家家事達人

◈太和光股份有限公司 ▸ 史承幼　02-2626-2670

◈百觀水族 & 魚行百貨 ▸ 李春寓　02-2727-6522

◈完美主義居家生活館　04-2563-0095

◈宜修網 ▸ 蔡明達　02-3365-3312

◈家事多服務 ▸ 吳靜怡　0800-200-883　02-8228-2248

◈壁貼網　02-2882-0006

◈總管家家事清潔有限公司 ▸ 謝莉華　02-2597-1777

家具達人

◈Artso 亞梭傢俬國際有限公司 ▸ 許雁青　02-2721-7887

◈赫奇實業（Ligne Roset 法國傢具）▸ 蔡祐緯　04-2258-0222

◈碩智國際數位整合（小玩童 FLEXA）▸ 王詩琪　02-2253-1588

原點出版 Uni-books

視覺｜藝術｜攝影｜設計｜居家｜生活　閱讀的原點

## Plus 一

| 藝術－Plus | 設計－Plus | Plus－life |
|---|---|---|
| 人與琴 | 當代設計演化論 | 湯自慢 |
| 看藝術學思考 | 和風經典設計100選 | 家有老狗有多好？ |
| 建築的法則 | 設計·未來 | 住進光與影的家 |
| 看見西班牙，看見當代建築的活力 | 書設計·設計書 | 老空間，心設計 |
| 世界頂尖博物館的美學經濟 | 東京視覺設計關鍵詞 | 和風自然家in Taiwan |
| 看見理想國 | 不敗經典設計 | 找到家的好感覺 |
| 戲劇性的想像力 | 時尚傳奇的誕生 | 這樣裝潢，不後悔 |
| 走進博物館 | 打動七十億人的設計 | 日雜手感家 |
| 藝術打造的財富傳奇 | 這樣玩，才盡「性」 | 健康宅 |
| 用零用錢，收藏當代藝術 | 設計的法則〔增訂版〕 | |
| 當代建築的靈光 | 用台灣好物，過幸福生活 | |
| 建築的性格 | 設計的方法 | |
| 博物館蒐藏學 | 靈感時代 | |
| 當代舞蹈的心跳 | 產品設計，怎麼回事 | |
| 當代花園的奇境 | | |

## On 一

| On－artist | On－designer | On－大師開講 |
|---|---|---|
| 我旅途中的男人。們。 | 設計大師談設計 | 設計是什麼 |
| 給不讀詩的人 | 劇場名朝 | 光與影 |
| 一起活在牆上 | 日本設計大師力 | 建築的危險 |
| 等待卡帕 | 雜誌上癮症 | 商業的法則 |
| 我依然相信寫真 | 找到你的工作好感覺 | 好電影的法則 |
| 荒木經惟·寫真＝愛 | 佐藤可士和的超設計術 | 料理的法則 |
| 森山大道·我的寫真全貌 | | |

## In一

| In一life | In一art | In一creative |
|---|---|---|
| 阿姆斯特丹・我的理想生活 | 寫給年輕人的西洋美術史1: 畫說史前到文藝復興 | 安迪沃荷經濟學 |
| 百年好店 | 寫給年輕人的西洋美術史2: 畫說巴洛克到印象派 | 酷效應 |
| 樂在原木生活 | 寫給年輕人的西洋美術史3: 畫說立體派到現代藝 | 東京視覺設計IN |
| 放鬆・together | 360度看見梵谷 | 北歐櫥窗 |
| | 360度發現高更 | 成功創意,不請自來 |
| | 360度夢見夏卡爾 | 小習慣,決定你要哪一種人生 |
| | 360度愛上莫內 | |
| | 360度感覺雷諾瓦 | |

## Do 一

| Do一art | Do一design | Do一life |
|---|---|---|
| 數位黑白攝影的黑白暗房必修技 | 平面設計創意workbook | 找到家的色彩能量 |
| 玩攝影 | 穿出你的魅力色彩 | 這樣隔間,不後悔 |
| 拍不出新角度? 玩點不一樣的吧！ | 輕鬆玩出網頁視覺大格局 | |
| 做個風格插畫家 | 做個平面設計師 | |
| 如何畫得有意思 | 好LOGO,如何好? | |
| | 好設計,第一次就上手 | |
| | 配色大師教你穿出你的魅力色彩 | |
| | 視覺溝通的文法 | |
| | 視覺溝通的方法 | |

# 解決居家的100個煩惱

從設計到設備，從收納到去污，達人總動員，幫你搞定居家心頭痛。

作　　者□李佳芳、魏賓千、李寶怡、木子、摩比

美術設計□讀力設計
插　　畫□黃雅方
企畫執行□李寶怡
企畫編輯□詹雅蘭

行銷企劃□郭其彬＋王綬晨＋夏瑩芳＋邱紹溢＋呂依緻＋張瓊瑜＋陳詩婷
總　編　輯□葛雅茜
發　行　人□蘇拾平

出　　　版□原點出版 Uni-Books
　　　　　　Facebook：Uni-Books原點出版
　　　　　　Email：Uni.books.now@gmail.com
　　　　　　台北市105松山區復興北路333號11樓之4
　　　　　　電話：（02）2718-2001　傳真：（02）2718-1258

發　　　行□大雁文化事業股份有限公司
　　　　　　台北市105松山區復興北路333號11樓之4
24小時傳真服務 （02）2718-1258
讀者服務信箱 Email：andbooks@andbooks.com.tw
劃撥帳號：19983379
戶名：大雁文化事業股份有限公司

香港發行□大雁(香港)出版基地‧里人文化
地址：香港荃灣橫龍街78號正好工業大廈22樓A室
電話：852-24192288　傳真：852-24191887
Email：anyone@biznetvigator.com

初版 1 刷□2013年4月　　初版 7 刷□2017年4月

定　　　價□360元
ISBN 978-986-6408-71-7
大雁出版基地官網 www.andbooks.com.tw 歡迎訂閱電子報並填寫回函卡

國家圖書館出版品預行編目(CIP)資料

解決居家的100個煩惱：從設計到設備，從收納到
去污，達人總動員，幫你搞定居家心頭痛/
原點編輯部著. -- 初版. -- 臺北市：原點出版：
大雁文化發行, 2013.04
224面；17×23公分
ISBN 978-986-6408-71-7(平裝)

1.家政 2.家庭佈置 3.空間設計

420.26　　　　　　　102003662